"十二五"职业教育国家规划教材
经全国职业教育教材审定委员会审定
国家社会科学基金"十一五"
规划（教育学科）国家级课题成果

Dreamweaver CS6 网页设计案例教程

第 2 版

U0198972

主　编　王春红　王瑾瑜

副主编　郭喜聪　冉　明　色登丹巴

参　编　张维化

主　审　包海山

机械工业出版社

本书内容分为十二个模块：模块一 初识网页与 Dreamweaver CS6、模块二 站点管理与网站制作、模块三 网页制作的基本知识、模块四 插入网页元素及超链接、模块五 使用表格技术、模块六 使用 AP 元素与框架、模块七 使用 Div+CSS 布局并美化网页、模块八 使用表单、模块九 使用行为制作特效网页、模块十 使用模板和库、模块十一 连接数据库创建动态网页、模块十二 网站规划、建设、发布与维护。每个模块结合实用性很强的综合设计案例，读者可在书中制作流程的指导下逐步完成各案例的制作，从而能独立完成网页与网站的设计制作。

本书适合大中专院校网页设计与规划的教学，教师可根据自己的授课特点，灵活调整各模块的顺序，也可以作为网页设计初学者及希望提高网站设计实践操作能力的专业人士参考。

为了方便教学，本书提供各模块案例源代码及电子课件等教学资源。凡选用本书作为教材的教师均可登录机械工业出版社教育服务网 www.cmpedu.com 下载，或发送电子邮件至 cmpgaozhi@sina.com 索取。咨询电话：010-88379375。

图书在版编目（CIP）数据

Dreamweaver CS6 网页设计案例教程/王春红，王瑾瑜主编. —2 版. —北京：机械工业出版社，2014.11（2018.1 重印）

"十二五"职业教育国家规划教材 国家社会科学基金"十一五"规划（教育学科）国家级课题成果

ISBN 978-7-111-48487-5

Ⅰ.①D… Ⅱ.①王…②王… Ⅲ.①网页制作工具—高等职业教育—教材 Ⅳ.①TP393.092

中国版本图书馆 CIP 数据核字（2014）第 260884 号

机械工业出版社（北京市百万庄大街 22 号 邮政编码 100037）
策划编辑：王玉鑫 责任编辑：王玉鑫 罗子超
责任校对：潘 蕊 封面设计：马精明
责任印制：常天培
北京圣夫亚美印刷有限公司印刷
2018 年 1 月第 2 版第 5 次印刷
184mm×260mm · 16.5 印张 · 378 千字
8701—10600 册
标准书号：ISBN 978-7-111-48487-5
定价：39.80 元

高职高专计算机类课程改革规划教材

编委会名单

主　任　　包海山　　陈　梅

副主任　　顾艳林　　吴宏波　　马　宁　　艾　华　　包乌格德勒

　　　　　　何永琴　　恩和门德　来　全　　李占岭　　刘春艳

委　员　　（按姓氏笔画排序）

丁雪莲	马丽洁	马鹏烜	王　飞	王丽霞
王应时	王晓静	王素苹	王瑾瑜	王鑫内农大
王鑫内财院	付　岩	冉　明	包东生	田　军
田保军	田　毅	刘宝娥	刘　静	刘玉苓
孙　欢	孙志芬	色登丹巴	邢海峰	吴和群
张丽萍	张利桃	张秀梅	张　芹	张　娜
张　健	张维化	张惠娟	李友东	李文静
李亚嘉	李红霞	李建锋	李　娜	李　娟
李海军	冯丽娜	杨东霞	杨忠义	杨　静
迎　梅	陈俊义	陈瑞芳	陈银凤	孟繁军
孟繁华	范哲超	侯欣舒	胡姝璠	赵乐乐
殷文辉	秦俊平	秦海龙	郭立志	高　博
高　歌	崔　娜	曹文继	菊　花	萨日娜
彭殿波	董建斌	蒙　君	赖玉峰	赖俊峰

项目总策划　　包海山　　陈　梅　　王玉鑫

编委会办公室

　　　　主　任　　卜范玉

　　　　副主任　　王春红　　郭喜聪

第 2 版前言

Dreamweaver CS6 是 Adobe 公司推出的一套拥有可视化编辑界面，用于制作并编辑网站和移动应用程序的网页设计软件。它支持代码、拆分、设计、实时视图等多种方式来创建、编辑和修改网页（通常是标准通用标记语言下的一个应用 HTML）。对于网页设计初级人员，可以无须编写任何代码就能快速创建 Web 页面。

本书在兼顾国家职业技能鉴定标准的同时围绕网页设计的基本知识、如何制作简单网页、高级网页设计技能应用、网站服务配置的基本技能等核心内容组织编写。为了更好地学习并掌握网页设计的知识和技能，将学习的目标分解为相对独立的多个功能模块，并将模块分解为若干个任务，采用"模块化教学、任务驱动、学材小结、拓展练习"递进式教学模式，螺旋式地交替完成实践任务，提升技能水平、拓展知识面。

本书由王春红、王瑾瑜担任主编。具体编写分工为：王瑾瑜（呼和浩特职业学院）编写模块一～模块三，冉明（呼和浩特职业学院）编写模块四、模块八，王春红（内蒙古财经大学）编写模块五、模块六，张维化（内蒙古财经大学）编写模块七，色登丹巴（内蒙古民族高等专科学校）编写模块九、模块十，郭喜聪（内蒙古师范大学）编写模块十一、模块十二。包海山（内蒙古财经大学）担任本书主审，审阅全稿并对本书内容提出了修改意见和合理化建议。

在本书策划、编写和出版过程中，机械工业出版社给予了大力支持。本书参考和引用了许多著作和网站内容，除非确因无法查证出处的以外，我们在参考文献中都进行了列示。在此，我们一并表示衷心的感谢。

由于网页设计应用日新月异，新概念及新技术层出不穷，加之本系列教材旨在探索全新的教学模式和教材内容组织方法，加大了策划、编写难度，又因编者水平有限，在内容整合、项目的衔接性方面难免存在缺陷或不当之处，敬请读者批评指正，以便我们进行修订及补充，使本书日臻完善。

编　者

目　　录

模块一

初识网页与 Dreamweaver CS6

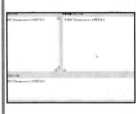

本模块导读

　　WWW 服务是 Internet 上应用最广泛的服务，网页是 WWW 的基本组成，浏览器是用户查看网页的工具。

　　WWW 即 World Wide Web，也称为 Web 或 3W。WWW 的最大特点是使用了超文本（Hypertext）。超文本可以是网页上指定的词或短语，也可以是一个包含通向 Internet 资源的超级链接的其他网页元素。

　　WWW 采用 C/S（客户端/服务器）工作模式。在客户端，用户使用浏览器向 Web 服务器发出浏览请求；服务器接到请求后，调用相应的网页内容，向客户端浏览器返回所请求的信息。因此，一个完整的 Web 系统由服务器、网页以及客户端的浏览器组成。在浏览器与服务器之间应用 HTTP（HyperText Transfer Protocol，超文本传输协议）作为网络应用层通信协议。HTTP 用于保证超文本文档在主机间的正确传输、确定应传输的内容以及各元素传输的顺序（如文本先于图像传输）。

本模块要点

- ● 认识网页相关知识
- ● 认识 Dreamweaver CS6
- ● 了解网页制作过程

任务一 网页的基础知识

子任务 1 什么是网页

网页实际是一个文件，它存放在世界某个角落的某一台计算机中，而这台计算机必须是与互联网相连的。网页经由网址（URL）来识别与存取，在浏览器输入网址后，经过一段复杂而又快速的程序，网页文件会被传送到用户的计算机，然后再通过浏览器解释网页的内容，最后展示给用户。

网页是构成网站的基本元素，是承载各种网站应用的平台。通俗地说，任何一个网站都是由或多或少的网页组成的。

以下是基本概念介绍：

1. 浏览器（Browser）

浏览器就是指在计算机上安装的，用来显示指定文件的程序。WWW 的原理就是通过网络客户端（Client）的浏览器去读指定的文件。同时，Internet 上还提供了远程登录（Telnet）、电子邮件（E-mail）、传输文件（FTP）、电子公告板（BBS）、网络论坛（Netnews）等多种交流方式。常用的浏览器有 Internet Explorer（简称 IE）等。

2. 超链接（Hyperlink）

超链接是 WWW 上的一种链接技巧，通过单击某个图标或某段文字，就可以自动连接相对应的其他文件，从一个网页跳转到另一个网页。

3. 网页（Web page）

网页是网站中的一"页"，通常是 HTML 格式（文件扩展名主要有.html、.htm、.asp、.aspx、.php 和.jsp）。网页通常用图像档来提供图画。网页要通过网页浏览器来阅读。进入一个网站后看到的第一个页面称为主页（Home page）。一般的主页名称为 index.htm（index.html）或 index.asp。

4. 网站

网站就是指在互联网（Internet）上，根据一定的规则，使用 HTML 等工具制作的用于展示特定内容的相关网页的集合。简单地说，网站是一种通信工具，就像布告栏一样，人们可以通过网站来发布自己想要公开的资讯（信息），或者利用网站来提供相关的网络服务。人们可以通过网页浏览器来访问网站，获取自己需要的资讯（信息）或者享受网络服务。

 注意

在 Internet 上浏览时，看到的每一个页面，称为网页，很多网页组成一个网站。一个网站的第一个网页称为主页。主页是所有网页的索引页，通过单击主页上的超链接，可以打开其他的网页。正是由于主页在网站中的特殊作用，人们也常常用主页指代所有的网页，将个人网站称为"个人主页"，将建立个人网站、制作专题网站称为"网页制作"。

5．网址（URL）

URL 即统一资源定位符（Uniform Resource Locator），是 WWW 上的地址编码，指出了文件在 Internet 中的位置。它存在的目的在于统一 WWW 上的地址编码，给每一个网页一个用它的编码来制定的地址，这样就不会出现重复或由于编码不统一而出现无法浏览等问题了。当用户查询信息资源时，只需给出 URL 地址，则 WWW 服务器就可以根据它找到网络资源的位置，并将它传送给用户的计算机。当用户用鼠标单击网页中的链接点时，就将 URL 地址的请求传送给 WWW 服务器。换言之，URL 即某网页的链接地址，在浏览器的地址栏中输入 URL，即可看到该网页的内容。

一个完整的 URL 地址通常由通信协议名、Web 服务器地址、文件在服务器中的路径和文件名四部分组成。例如：http://sports.sohu.com/20090225/n262444755.shtml，其中 http://是通信协议名，sports.sohu.com 是 Web 服务器地址，/20090225/是文件在服务器中的路径，n262444755.shtml 是文件名。URL 地址中的路径只能是绝对路径。

信息卡

文件的路径名

1）绝对路径：绝对路径是写出全部路径，系统按照全部路径进行文件的查找。绝对路径中的盘符后用":\"或":/"，各个目录之间以及目录名与文件名之间，就用"/"进行分隔。

例 1：绝对路径为 http://wenwen.soso.com/z/q65871420.htm，它的含义为文件 q65871420.htm 在域名为 wenwen.soso.com 的服务器中的 z 的目录下。

例 2：绝对路径为"E:\LIAN\ZHANG\INDEX.html"，它的含义为文件 INDEX.html 存放在 E 盘的 LIAN 目录下的 ZHANG 子目录当中。

2）相对路径：相对路径是以当前文件所在路径和子目录为起始目录的，进行相对的文件查找通常要采用相对路径，这样可以保证文件移动后，不会产生断链现象。

例 1：相对路径为"INDEX.html"，表示文件 INDEX.html 在当前目录下。

例 2：相对路径为"DESIGN/INDEX.html"，表示文件 INDEX.html 在当前目录 DESIGN 下。

例 3：相对路径为"../ INDEX.html"，表示在当前目录的上一级目录下的文件 INDEX.html。

6．网页的分类

网页有多种分类，笼统意义上的分类是静态页面和动态页面。

静态页面多通过网站设计软件来进行重新设计和更改，相对比较滞后，现在通过网站管理系统，也可以生成静态页面——我们称这种静态页面为伪静态。

动态页面通过网页脚本与语言自动处理自动更新的页面，如各主题论坛，就是通过网站服务器运行程序，自动处理信息，按照流程更新网页。

7．网站的分类

（1）展示型 主要以展示形象为主，艺术设计成分比较高，内容不多，多见于从事美术设计方面的工作室。

（2）内容型 该类站点以内容为重点，用内容吸引人。例如，普通的公司网站，用于发布公司产品、公司动态、招聘信息等。另外，还有一些从事信息服务性的站点，如文学站、下载站、新闻站等。一般该类站点的设计以简洁、大方为主，不需要太多花哨的东西转移读者的视线。

（3）电子商务型 该类型网站是以从事电子商务为主的站点，要求安全性高、稳定性高，比较考验网站中运行的程序。一般该类站点设计要简洁、大方，又要显得比较有人气，多用蓝色等表现信任感。

（4）门户型 该类站点类似内容型，但又不同于内容型，其站点上的内容特别丰富，内容也比较综合。一般内容型网站内容比较集中于某一专业或领域，也会体现自己的公司、工作室等小范围的内容，而门户型网站除了表现更为丰富的内容外，通常更加注重网站与用户之间的交流。例如，一般门户型网站也会提供信息的发布平台、与用户的交流平台等。

子任务 2   网页的基本元素

网站的基本元素是网页，一个个的网页构成了一个完整的网站。

网页也是可分的，构成网页的基本元素包括标题、网站标识、页眉、主体内容、页脚、功能区、导航区、广告栏等。这些元素在网页的位置安排，就是网页的整体布局。

1．标题

每个网页的最顶端都有一条信息，这条信息往往出现在浏览器的标题栏，而非网页中，但是这条信息也是网页布局中的一部分。这条信息是对这个网页中主要内容的提示，即标题。

2．网站标识

网站标识（LOGO）是网站所有者对外宣传自身形象的工具。网站标识集中体现了这个网站的文化内涵和内容定位。可以说，网站标识是一个网站最为吸引人、最容易被人记住的标志。如果网站所有者已经导入了 CIS 系统，那么网站标识的设计就要符合 CIS 的设定。如果所有者没有导入 CIS，就要根据网站的文化内涵和内容定位设计网站标识。无论如何，网站标识的设计都要在网站制作初期进行，这样才能从网站的长远发展角度出发，设计出一个能够长时间使用的、最能代表该网站的标识。标识在网站中的位置都比较醒目，目的是要使其突出，容易被人识别与记忆。在二级网页中，页眉位置一般都留给网站标识。另外，网站标识往往被设计成为一种可以回到首页的超链接。

说明：CIS 简称 CI，全称 Corporate Identity System，译为企业识别系统，也称"企业形象统一战略"。

3．页眉

网页的上端即是这个页面的页眉。页眉并不是在所有的网页中都有，一些特殊的网页就没有明确划分出页眉。页眉在一个页面中往往有相当重要的位置，容易引起浏览者的注意，所以很多网站都会在页眉中设置宣传本网站的内容，如网站宗旨、网站标识等，也有一些网站将这个"黄金地段"作为广告位出租。

4．主体内容

主体内容是网页中的最重要的元素之一。主体内容并不完整，往往由下一级内容的标题、内容提要、内容摘编的超链接构成。主体内容借助超链接，可以利用一个页面，高度概括几个页面所表达的内容，而首页的主体内容甚至能在一个页面中高度概括整个网站的内容。

主体内容一般均有图片和文档构成，现在的一些网站的主体内容中还加入了视频、音频等多媒体文件。由于人们的阅读习惯是由上至下、由左至右，因此主体内容的内容分布也是按照这个规律，依照重要到不重要的顺序安排。在主体内容中，左上方的内容是最重要的。

5．页脚

网页的最底端部分称为页脚。页脚部分通常用来介绍网站所有者的具体信息和联络方式，如名称、地址、联系方式、版权信息等。其中一些内容设计成标题式的超链接，引导浏览者进一步了解详细的内容。

搜狐网站的页脚除上述内容外，还增加了导航内容，这种方式在首页内容过多的情况下很实用，好处是浏览者不必滑动滚动条，可直接选择栏目，易用性强。

6．功能区

功能区是网站主要功能的集中表现。一般位于网页的右上方或右侧边栏。功能区包括：电子邮件、信息发布、用户名注册、登录网站等内容。有些网站使用了 IP 定位功能，定位浏览者所在地，然后可在功能区显示当地的天气、新闻等个性化信息。

7．导航区

导航区的重要性与主体内容不相上下，甚至导航区的设计可以成为一种独立的设计。之所以说导航区重要，是因为其所在位置左右着整个网页布局的设计。导航区一般分为 4 种位置，分别是左侧、右侧、顶部和底部。一般网站使用的导航区都是单一的，但是也有一些网站为了使网页更便于浏览者操作，增加可访问性，而采用了多导航技术。但是无论采用几个导航区，网站中的每个页面的导航区位置均是固定的。

8．广告栏

广告栏是网站实现赢利或自我展示的区域。一般位于网页的页眉、右侧和底部。广告栏内容以文字、图像、Flash 动画为主。通过吸引浏览者单击链接的方式达成广告效果。广告栏设置要明显、合理、引人注目，这对整个网站的布局很重要。

注意

在网页上单击鼠标右键，选择快捷菜单中的"查看源文件"，就可以通过记事本看到网页的实际内容。可以看到，网页实际上只是一个纯文本文件，它通过各式各样的标记对页面上的文字、图片、表格、声音等元素进行描述（如字体、颜色、大小），而浏览器则对这些标记进行解释并生成页面，于是就得到网页浏览者所看到的画面。为什么在源文件看不到任何图片？因为网页文件中存放的只是图片的链接位置，而图片文件与网页文件是互相独立存放的，甚至可以不在同一台计算机上。

子任务 3　网页中的专用术语

1．Banner（横幅广告）

横幅广告是互联网广告中最基本的广告形式之一。它是一个表现商家广告内容的图片，放置在广告商的页面上，尺寸是 480×60 像素，或 233×30 像素；一般是 GIF 格式的图像文件，也就是说，既可以使用静态图形，也可用多帧图像拼接为动画图像；除了 GIF 格式外，新兴的 Rich Media Banner（丰富媒体广告）能赋予 Banner 更强的表现力和交互内容，但需要用户使用的浏览器插件支持（Plug-in）。Banner 一般也可翻译为网幅广告、旗帜广告、横幅广告等。

2．Click（点击次数）

用户通过点击广告而访问广告主的网页，称点击一次。点击次数是评估广告效果的指标之一。

3．Cookie

Cookie 是计算机中记录用户在网络中行为的文件，网站可以通过 Cookie 来识别用户是否曾经访问过该网站。当浏览某些 Web 站点时，这些站点会在用户的硬盘上用很小的文本文件存储一些信息，这些文件就成为 Cookie。Cookie 中包含的信息与浏览者的兴趣爱好有关。

4．Database（数据库）

Database 技术通常是指利用现代计算机技术，将各类信息有序地进行分类整理，便于以后查找和管理。在网络营销中，指利用互联网收集用户信息，并存档、管理，如姓名、性别、年龄、地址、电话、兴趣爱好、消费行为等。

5．HTML（超文本标记语言）

HTML 是一种基于文本格式的页面描述语言，是网页通常的编辑语言。

6．HTTP

HTTP 是万维网上的一种传输格式，当浏览器的地址栏上显示"HTTP"时，就表明正在打开一个万维网页。

7．Key Word（关键字）

Key Word 是用户在搜索引擎中提交的文字，以便快速查询所需的内容。

8．Web Site（站点）

Web Site 即为互联网或者万维网上的一个网址。站点包含一些组成物，以及某一个特定的域名，是包含网页的地方。

任务二　认识 Dreamweaver CS6

Adobe Dreamweaver CS6 是一款集网页制作和网站管理于一身的所见即所得网页编辑器。Dreamweaver CS6 是一套针对专业网页设计师开发的视觉化网页开发工具，利用它可以轻而易举地制作出跨平台和跨浏览器的充满动感的网页。

Dreamweaver CS6 是 Adobe 公司近期推出的网页制作软件，用于对网站、网页和 Web 应用程序进行设计、编码和开发，广泛用于网页制作和网站管理。

子任务 1　启动与退出 Dreamweaver CS6

1．启动 Dreamweaver CS6

方法一：单击计算机桌面上的 Dreamweaver CS6 快捷方式图标。

方法二：依次单击"开始"→"所有程序"→"Adobe"→Dreamweaver CS6。

方法三：单击快速启动区中的 Dreamweaver CS6 选项。

2．退出 Dreamweaver CS6

方法一：单击标题栏右上角的关闭按钮。

方法二：单击标题栏左上角的标题，选择"关闭"命令。

方法三：依次单击菜单栏中的"文件"→"退出"命令。

子任务 2　Dreamweaver CS6 的工作界面

Dreamweaver CS6 的工作界面秉承了 Dreamweaver 系列产品一贯的简洁、高效和易用性，大多数功能都可以在工作界面中很方便地找到。它的工作界面主要由"文档"窗口、"文档"工具栏、菜单栏、插入栏、面板组等组成。

1．各种界面认识

1）启动界面：启动 Dreamweaver CS6 后，系统弹出"启动界面"对话框，如图 1-1 所示，用户可根据需要进行"打开"或"新建"等操作。

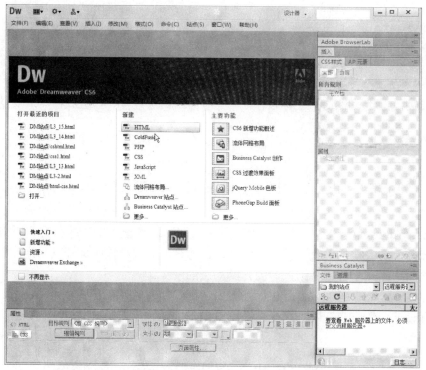

图 1-1　Dreamweaver CS6 "启动界面" 对话框

2）设计视图：单击 "设计" 选项，系统弹出 "设计视图" 对话框，如图 1-2 所示，用户可以进行相关设计操作。

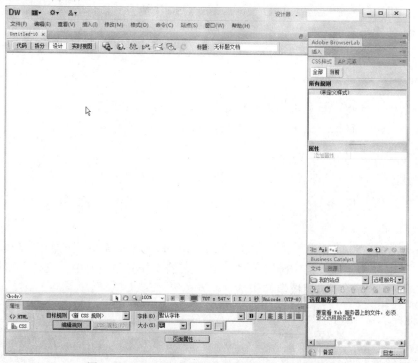

图 1-2　Dreamweaver CS6 "设计视图" 对话框

3）代码视图：单击“代码”选项，系统弹出“代码视图”对话框，如图 1-3 所示，用户可以在此对话框中输入代码。

文件(F) 编辑(E) 查看(V) 插入(I) 修改(M) 格式(O) 命令(C) 站点(S) 窗口(W) 帮助(H)
代码 拆分 设计 实时视图
标题: 无标题文档
Adobe BrowserLab
Business Catalyst
页面属性...

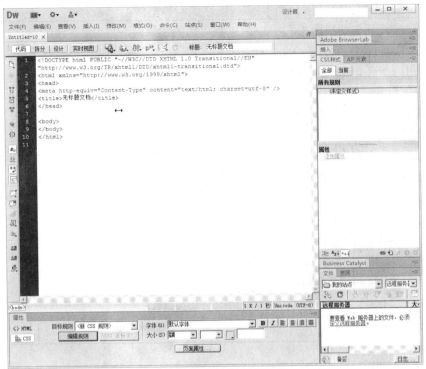

图 1-3　Dreamweaver CS6“代码视图”对话框

2. 窗口中各组成部分介绍

1）标题栏：显示了软件的名称、网页标题和网页文件名称。

2）菜单栏：包括 10 组菜单，包含了网页编辑的大部分操作命令，如图 1-4 所示。

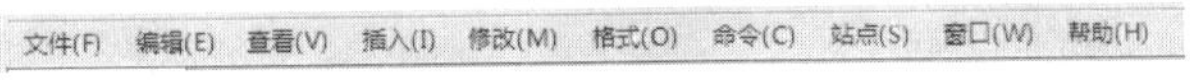

文件(F) 编辑(E) 查看(V) 插入(I) 修改(M) 格式(O) 命令(C) 站点(S) 窗口(W) 帮助(H)

图 1-4　菜单栏

- 文件：管理文件，包括“创建”“保存”“导入”“导出”“浏览”和“打印文件”等操作。
- 编辑：编辑文件，包括“撤销”“恢复”“复制”“粘贴”“查找”“替换”“首选参数设置”和“快捷键设置”等操作。
- 查看：查看对象，包括“查看代码”“网络线”“标尺”“面板”和“工具栏”等操作。
- 插入：插入网页元素，包括“插入图像”“插入多媒体”“AP Div”“框架”“表格”“表单”“电子邮件链接”“日期”“特殊字符”和“标签”等操作。
- 修改：修改网页元素，包括“页面元素”“面板”“标签编辑器”“链接”“表格”“框架”“对齐方式”“模板”和“库”等操作。
- 格式：修改文本，包括“字体”“字形”“字号”“颜色”“CSS 样式”“段落”“扩展”“缩进”和“列表”等操作。
- 命令：附加命令项，包括“应用记录”“编辑命令清单”“获得更多命令”“插件管理

器""应用源代码格式""清除 HTML"和"表格排序"等操作。

➢ 站点：管理站点，包括"站点显示方式""新建站点""打开站点""自定义站点""上传下载""登记验证"和"本地/远程站点"等操作。

➢ 窗口：打开与切换面板和窗口，包括"插入栏""属性面板""站点窗口"和"CSS 面板"等操作。

➢ 帮助：Dreamweaver 联机帮助，包括"注册服务""技术支持""版本"和"说明"等操作。

3）插入栏：有以下两种使用方法。

使用方法一：单击菜单栏"插入"项，选择要插入的对象，如图 1-5 所示。

使用方法二：依次单击"窗口"→"插入"，选中"插入"菜单项（前有勾选标记√），如"✓ 插入(I)　　　Ctrl+F2"所示，此时在当前设计窗口右上侧出现标签型插入栏，如图 1-6 所示。

图 1-5　菜单插入栏

图 1-6　标签型插入栏

插入栏中包括创建和插入对象的选项，分别是：超级链接、电子邮件链接、命名锚记、水平线、表格、插入 Div 标签、图像、媒体、构件、日期、服务器端包括、注释、文件头、脚本、模板、标签选择器。

➢ 超级链接：一个网站由多个网页组成，超级链接是各个网页之间联系的纽带。

➢ 电子邮件链接：将文档中的文本或图像等对象链接到一个 E-mail 地址。

➢ 命名锚记：在文档中设置标记，创建命名锚记的链接，单击链接可以快速到达命名锚记的位置。

➢ 水平线：水平线可以在网页上清晰地划分界限，而且对网页的布局起着非常重要的作用。

➢ 表格：表格可以控制网页的整体布局和局部排版，还可以与层相互转换，是网页设计者必须要熟练掌握的技术。

➢ 插入 Div 标签：Div 本身只是一个区域标签，不能定位与布局，真正定位的是 CSS 代码。

➢ 图像：使用图像能美化网页，比文字更直观、清楚。

➢ 媒体：动画和声音的运用可以让网页更加灵活、生动。

➢ 构件：用于构建向用户提供更丰富体验的网页，提供动态用户界面的可视化设计、开发和部署。

➢ 日期：Dreamweaver 提供的日期对象，这个对象可以更改日期的格式，可以选择在每次保存文件时自动更新日期。

➢ 服务器端包括：可以在 IIS 内使用所有服务器端包含，只有标识#include 能在 ASP 使用。由服务器提供的功能，能自动在网页被网页服务器读取时插入文本到网页中。

➢ 注释：网页设计者制作这个网页所做的备注。

➢ 文件头：控制网页中<head>标签内的内容，用于指定网页属性公共引用等。

➢ 脚本：脚本（Script）是使用一种特定的描述性语言，依据一定的格式编写的可执行文件，又称为宏或批处理文件。脚本通常可以由应用程序临时调用并执行。

➢ 模板：一套预先设计好的文本和图形，让新网页和新站点可以以此为架构。

➢ 标签选择器：快速选择网页中的元素，如表格、图片等。

4）工具栏：在 Dreamweaver CS6 的工具栏中的前 3 个按钮可以用来切换视图模式，如图 1-7 所示。各按钮功能说明如下。

图 1-7　工具栏

➢ 代码：显示 HTML 源代码视图。

➢ 拆分：同时显示 HTML 源代码和"设计"视图。

➢ 设计：默认设置，只显示"设计"视图。

➢ 实时视图：在代码视图中显示实时视图源。单击"实时代码"按钮时，也会同时单击"实时视图"按钮。

➢ 检查浏览器兼容性：用于检查用户的 CSS 是否对于各种浏览器均兼容。

➢ 实时视图：显示不可编辑的、交互式的、基于浏览器的文档视图。

➢ 多屏幕按钮：单击该按钮，在弹出的菜单中用户可以选择网页显示的屏幕分辨率。

➢ 在浏览器中调试/预览：允许用户在浏览器中调试或预览文档。可从弹出的菜单中选择某一个浏览器。

➢ 文件管理：用于快速执行"获取""取出""上传"和"存回"等文件管理命令。

➢ W3C 验证：用于弹出 W3C 验证菜单。

➢ 可视化助理：用于在文档窗口中显示各种可视化助理。

➢ 检查浏览器兼容性：检查所设计的页面对不同类型的浏览器的兼容性。

➢ 刷新设计视图：在代码视图中修改网页内容后，可以使用该按钮刷新文档窗口。

➢ 标题：可以输入在网页浏览器上显示的文档标题。

5）状态栏：在状态栏中所显示的是当前编辑的文档信息，分别是标签选择器、手形工具、缩放工具、缩放比例、窗口大小、文件大小和下载时间，说明如下。

图 1-8　状态栏

> ➤ 标签选择器 <body> ：显示选定内容的标签结构，可以选择结构的标签和内容。
> ➤ 手形工具 ：可以将文档拖入窗口。
> ➤ 缩放工具 ：可以缩放文档比例。
> ➤ 窗口大小 497 x 493 ：将文档窗口设置至预定义尺寸。
> ➤ 文件大小和下载时间 1 K / 1 秒：文档大小和估计下载时间。

6）属性面板：主要包括格式、ID、类、链接、加粗、斜体、项目列表、编号列表、删除内缩区块、内缩区块、标题、目标、页面属性、列表项目等，如图 1-9 所示。主要项目功能说明如下。

图 1-9　属性面板

> ➤ 格式：可以控制标题和段落的字体、字号。
> ➤ ID：ID 标签选择符，可以对网页中的标签定义样式。
> ➤ 类：用 CSS（层叠样式表）可以定义基本字体、类型设置。

子任务 3　应用 Dreamweaver CS6 制作简单网页

下面通过一个简单网页的制作过程，让读者了解如何通过 Dreamweaver CS6 进行新建网页、保存网页、预览网页的基本操作。

实例　建立 myfirst.html 网页，正文内容为"欢迎学习 Dreamweaver CS6 网页设计"，标题为"我的第一张网页"。

步骤

步骤 1　启动 Dreamweaver CS6，单击"新建 HTML"按钮，如图 1-10 所示。
步骤 2　在 Dreamweaver CS6 设计视图中，输入正文内容"欢迎学习 Dreamweaver CS6 网页设计"，如图 1-11 所示。

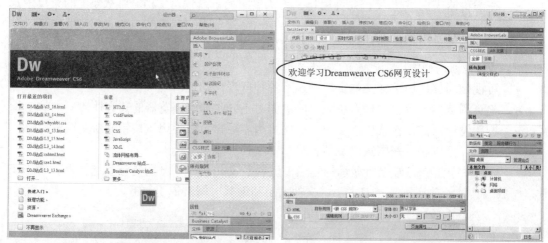

图 1-10　新建 HTML 示意图　　　　图 1-11　正文编辑示意图

步骤 3 在工具栏的"标题"文本框中输入标题"我的第一张网页",如图 1-12 所示。

图 1-12 标题设置示意图

步骤 4 依次单击"文件"→"保存"菜单项,在"另存为"对话框中选择保存路径,在"文件名"文本框中输入指定文件名"myfirst.html",然后单击"保存"按钮,如图 1-13 所示。

步骤 5 单击工具栏中的在浏览器中调试/预览图标按钮,选择准备打开当前网页的浏览器,如图 1-14 所示(注意观察,此时网页名称已由新建时默认的"Untitled-1*"修改为"myfirst.html")。

步骤 6 选择 IE 显示当前网页,如图 1-15 所示(因为当前网页未发布,所以在地址栏显示的是当前网页所在的路径)。

图 1-13 保存网页示意图

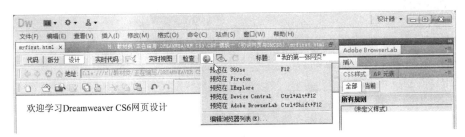

图 1-14 选择浏览器预览网页示意图

图 1-15 网页预览示意图

步骤 7 依次单击"窗口"→"多屏预览"菜单命令,或单击工具栏上的多屏幕图标按钮,可显示不同分辨率下当前网页的预览效果,如图 1-16 所示。

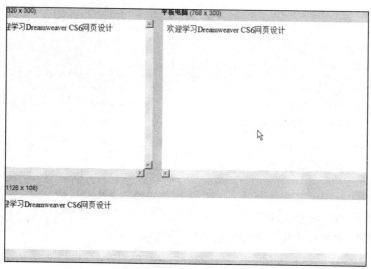

图 1-16   网页多屏预览示意图

学 材 小 结

知识导读

本模块主要介绍网页的相关概念，以及网页设计的基本知识，让读者了解网页制作的基本流程以及认识网页设计工具 Dreamweaver CS6 的新功能与工作界面。

理论知识

1）网页是网站中的一"页"，通常是_____格式。

2）主页是指进入网站后看到的_____页面。

3）URL 的中文名称为_____，是 WWW 上的地址编码，指出了文件在_____中的位置。

4）一个完整的 URL 地址通常由_____、_____、文件在服务器中的路径和文件名四部分组成。

5）网页从笼统意义上分为_____和_____网页。

6）构成网页的基本元素包括标题、_____、_____、_____、主体内容、_____、导航区、广告栏等。

 ### 实训任务

实训一   打开新浪网（www.sina.com.cn）

【实训目的】

认识网页。

【实训内容】

1）认识网页。

2）了解网页地址。

3）认识网页中的各元素。

4）认识网页的基本结构。

实训二 在本机上完成实例 1-1

【实训目的】

了解网页的新建、保存、预览操作。

【实训内容】

1）新建网页。

2）设置标题和正文。

3）保存网页。

4）预览网页。

模块二

站点管理与网站制作

本模块导读

网页是网站中的一"页",通常是 HTML 格式(文件扩展名通常为.html、.htm、.asp、.aspx、.php 和.jsp 等)。网页通常用图像档来提供图画。网页是构成网站的基本元素,是承载各种网站应用的平台。对网页的基本操作包括网页的新建、打开、保存、另存为等。通过以上操作,用户可以完善、补充自己设计的网站内容。

Dreamweaver 提供了几种可视化向导来帮助用户设计文档并大致估计其在浏览器中的效果。例如,使用标尺为定位和调整层或表格的大小提供一个可视的信息;使用跟踪图像作为页面背景以帮助用户复现一个设计;使用网格能够精确定位层和调整层大小,而且当靠齐选项启动后,移动或调整过大小的层将自动向最近网格点靠齐。(其他对象如图像和段落不会向网格靠齐。)无论网格是否可见,靠齐均有效。

站点,通俗地讲,就是一个文件夹,用来存放用户设计网页时用到的所有文件和文件夹,包括主页、子页,以及用到的图片、声音、视频等。规划创建和管理站点就是为了更好地管理在设计网站时用到的文件。

本模块要点

- 规划和创建站点
- 网页制作介绍
- 使用可视化向导
- 网页制作技巧

任务一　创建和管理站点

站点由若干个网页组成，分为远程站点和本地站点。远程站点就是用户在 Internet 上访问的各种站点，站点文件都存储在 Internet 服务器上。由于直接建立维护远程站点有很多困难，因此通常在本地计算机上先完成网站的建设，形成本地站点，再上传到 Internet 服务器上。这种在本地磁盘上建立的网站就称为本地站点。

子任务 1　站 点 规 划

合理的站点结构能够加快对站点的设计，提高工作效率。如果将所有的网页都存储在同一个目录下，当站点的目录越来越大、文档越来越多时，管理起来就会增加很多困难。因此，对站点进行规划是一个很重要的准备工作。

1. 确定站点目标

创建站点前必须要明确所创建站点的目标。目标确定后，再整理思路，将其编辑成文档，作为创建站点的大纲。

2. 组织站点结构

设置站点的常规做法是在本地磁盘创建一个包含站点所有文件的文件夹，然后在这个文件夹中创建多个子文件夹，将所有文件分门别类地存储到相应的文件夹下，根据需要还可以创建多级子文件夹。准备好发布站点并允许公众查看此站点后，再将这些文件复制到 Web 服务器上。

建立站点目录结构时，尽量遵循以下原则：

1）不要将所有文件都存放到根目录下，这样会造成文件管理混乱、上传速度变慢等不利影响。

2）按栏目的内容建立下级子目录。下级子目录的建立，首先应按主菜单栏的栏目建立。

3）在每个主目录下都单独建立相应的 Images 目录。

4）目录名称不要过于复杂，一般情况下目录层数不超过 3 层。

➢ 不要使用中文目录名。

➢ 不要使用过长的目录名。

➢ 尽量使用意义明确的目录名，以便于记忆和管理。应使用简单的英文或者汉语拼音及其缩写形式作为目录名。

3. 确定站点的栏目和版块

站点的栏目和版块体现了站点的整体风格，也就是网站的外观，包括网站栏目和版块、网站的目录结构和链接结构、网站的整体风格和设计创意等。

现在的网站按照其界面和内容基本可分为两种：

1）信息格式。该类网站的界面以文字信息为主，页面的布局整齐规范、简洁明快。站点中的每个页面都会有一个导航系统，顶部区域使用一些比较有特色的标志，顶部中间是一些广告横幅，其他部分则按类别放置了许多超链接。这种站点对图像、动画等多媒体信息选用不多，一般仅用于广告或宣传。

2）画廊格式。该类站点的典型代表是个人网站或公司网站，表现形式上主要以图像、动画和多媒体信息为主，通过各种信息手段表现个人特色或宣扬公司理念。这类站点布局或时尚新颖，或严谨简约，比较注重企业或个人形象与文化特征。

信息卡

网站的链接结构：指页面之间相互链接的拓扑结构。它建立在目录结构的基础之上，但可以跨越目录。每个页面都是一个固定点，链接则是在两个固定点之间的连线。一个点可以和一个点链接，也可以和多个点链接。建立网站的链接结构一般有以下两种基本方式。

1）树状链接结构。首页链接指向一级页面，一级页面链接指向二级页面。浏览时需要一级一级进入、一级一级退出。

2）星状链接结构。每个页面相互之间都建立有链接。这种链接结构的优点是浏览方便，随时可以到达目的地；缺点是链接太多，容易使浏览者"迷路"，搞不清自己在什么位置。

在实际的网站设计中，一般是将这两种结构结合起来使用。

4．分析访问对象

Internet 的访问者可能来自不同地域、使用不同的浏览器、以不同的链接速度访问站点，这些因素都会直接影响用户对站点的点击率。制作者必须从访问者的角度出发制作站点。

制作者可以参考以下 3 种方法制作能满足更多用户的站点。

1）考虑可能会对站点感兴趣的用户，在这些用户中搜集访问站点的目的，然后从用户的角度出发，考虑他们对站点有哪些要求，从而将制作的站点最大限度地与用户的愿望统一，争取更接近或达到建立站点的目的。

2）先将所创建的站点发布，在站点中设立反馈信息页，从用户那里得到实际的信息，然后再对站点进行改进。

3）对亲友、同学或社会其他人员做一些调查，了解他们对什么形式的站点感兴趣。

子任务 2　创 建 站 点

Dreamweaver 站点是网站中使用的所有文件和资源的集合。Dreamweaver 站点通常包含两个部分：可在其中存储和处理文件的计算机上的本地文件夹，以及可在其中将相同文件发布到 Web 服务器上的远程文件夹。

实例 2-1　在 C 盘根目录下新建一个名为"DM 站点"的本地站点文件夹，站点名称为"我的站点"。

步骤

步骤 1　在 C 盘根目录下新建一个名为"DM 站点"的本地站点文件夹。

18

步骤 2 启动 Dreamweaver CS6，依次单击"站点"→"新建"，在弹出的对话框中的"站点名称"文本框中输入"我的站点"；单击"本地站点文件夹"后的浏览文件夹图标按钮 📁，在弹出的选择根文件夹对话框中选择 C 盘根目录下的"DM 站点"文件夹，单击"选择"按钮返回"站点设置对象 我的站点"对话框，如图 2-1 所示，单击"保存"按钮。

步骤 3 此时，Dreamweaver 窗口右下方显示站点面板，如图 2-2 所示。

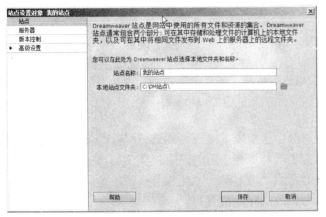

图 2-1 "站点设置对象 我的站点"对话框　　　图 2-2 建好的站点示意图

 注意

站点的新建也可通过单击菜单命令"站点"→"管理"，在弹出的窗口中单击"新建"命令来实现。

子任务 3 管 理 站 点

1．打开站点

方法一：依次单击菜单命令"站点"→"管理站点"，在弹出的"管理站点"对话框中选择要打开的站点，然后单击"完成"按钮，如图 2-3 所示。

方法二：在"文件"对话框中选择已创建的某个站点也可将其打开，如图 2-4 所示。

图 2-3 "管理站点"方式打开站点　　　图 2-4 "文件"方式打开站点

2．编辑站点

方法一：在"管理站点"对话框中选中要编辑的站点，然后单击"编辑"按钮，如图 2-5

所示。

方法二：在"文件"对话框中选择站点列表中的"管理站点"选项，如图 2-6 所示。

图 2-5 "管理站点"方式编辑站点

图 2-6 "文件"方式编辑站点

3．复制站点

首先在"管理站点"对话框中选中要复制的站点，如选择"我的站点"，如图 2-7 所示，然后单击"复制"按钮，在站点列表增加了一个新的站点"我的站点 复制"，表示这个站点是"我的站点"的副本，如图 2-8 所示，最后单击"完成"按钮。单击复制产生的站点，可以对其进行编辑操作，如改变站名、改变存储位置等。

4．删除站点

在"管理站点"对话框中单击选中要删除的站点名称，然后单击"删除"按钮，在弹出的对话框中单击"是"按钮确认删除，而单击"否"按钮则取消删除。

图 2-7 复制站点

图 2-8 复制后的站点

注意

删除站点操作仅是从站点管理中删除，而文件还保留在硬盘的原来位置上，并没有被删除。

5．导入和导出站点

在 Dreamweaver CS6 中，可以将现有的站点导出为一个站点文件，也可以将站点文件导入为一个站点。导入、导出的作用在于保存和恢复站点和本地文件的链接关系。

（1）导出站点 在"管理站点"对话框的站点列表中单击选中需要导出的站点，然后单击"导出"按钮（见图 2-9），在弹出的"导出站点"对话框中为导出的站点文件命名（见图 2-10），最后单击"保存"按钮即可。导出的站点文件扩展名为.ste。（本例实现将"我的站点"导出至 C 盘根目录下的"我的站点.ste"。）

图 2-9　导出站点示意图

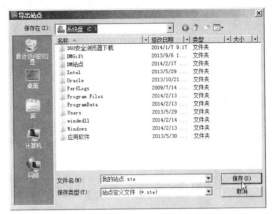

图 2-10　导出站点命名示意图

（2）导入站点　在"管理站点"对话框中，单击"导入"按钮，在弹出的"导入站点"对话框中选择需要导入的站点文件，然后单击"打开"按钮，站点文件将导入到站点。

 注意

导入站点的站点名称并不是站点文件的名称。

任务二　了解网页制作的基本流程

子任务 1　网页制作流程

1．确定目标

主要确定自己的目的网站是什么样的，如网站的主色调、网站的颜色搭配、网站的内容排列等。对于新手来说，可以参考别人的作品，然后学习如何设计。好的策划是成功的重要基础。

2．设计图样

设计图样的主要目的是要把网页中用到的图片用 Photoshop 或 Firework 画出来，这一步非常重要。对于希望从事网页美工的读者来说，Photoshop 或 Firework 是必须要熟练掌握的工具。在有些情况下，需要将图片切割成若干个小图片，这项工作也需要用到 Photoshop 或 Firework。

3．制作网页

本书使用 Dreamweaver 制作网页。简单地说，网页实际上就是表格+图片+Flash。

子任务 2　网站制作流程

对于静态网站，掌握网页制作流程即可。如果是动态网站，那么需要额外掌握以下内容。

1．整体规划

1）选择动态程序语言，如 ASP、PHP、JSP、.NET 等。一般的小型网站通常使用 ASP + ACC 数据库形式来制作，.NET 是新兴的一种语言，是 ASP 的升级版本。

2）要做好网站栏目功能规划，即确定栏目和要实现的功能等。

3）最后是根目录的策划，即安排好网站中用到的所有文件的存储目录。

2．数据库规划

确定所用的数据库及其组成。

3．编写网站后台

编写控制数据的代码，以实现其动态效果。

4．编写网站前台

通过代码把动态数据显示到前面已经设计好的网页中。

5．测试和修改

对做好的网站进行测试，如发现问题再进行修改。

6．发布

可以把自己的计算机配置成服务器，只需配置 IIS 即可发布；也可以考虑购买虚拟空间和域名，或选择免费空间和免费域名进行发布。前者可作为自我展示使用，后者可在 Internet 上展示。

任务三　网站设计的基础知识

网站是指在 Internet 上，根据一定的规则，使用 HTML 等工具制作的用于展示特定内容的相关网页的集合。简单地说，网站是一种通信工具，就像公告栏一样，人们可以通过网站来发布自己想要公开的信息，或者利用网站来提供相关的网络服务。用户可以通过网页浏览器来访问网站，获取自己需要的资料或者享受网络服务。

子任务 1　网站设计的基本原则

1．明确建立网站的目标和用户需求

Web 站点的设计是展现自我形象的重要途径，因此必须明确设计站点的目的和用户需求，从而做出切实可行的设计计划。我们会根据使用者的需求进行分析，以"使用者"为中心，而不是以"美术"为中心进行设计规划。

在设计规划时我们会考虑：

1）建设网站的目的是什么？

2）为谁提供服务？

3）网站的目标消费者和受众的特点是什么？

2．网页设计总体方案主题鲜明

在目标明确的基础上，完成网站的构思创意即总体设计方案。对网站的整体风格和特色做出定位，规划网站的组织结构。

Web 站点应针对所服务对象（机构或人）的不同而具有不同的形式。有些站点只提供简洁文本信息；有些则采用多媒体表现手法，提供华丽的图像、闪烁的灯光、复杂的页面布置，甚至可以下载声音和录像片段。有些 Web 站点把图形表现手法和有效的组织与通信结合起来。

为了做到主题鲜明突出，要点明确，我们将按照客户的要求，以简单明确的语言和画面体现站点的主题；调动一切手段充分表现网站的个性和情趣，办出网站的特色。

Web 站点主页应具备：页头，准确无误地标识你的站点和企业标志；E-mail 地址，用来接收用户垂询；联系信息，如普通邮件地址或电话；版权信息，声明版权所有者等。

充分利用已有信息，如客户手册、公共关系文档、技术手册和数据库等。

子任务 2　网页的布局

在设计页面版式时应该注意以下两点：一是应以目标为准，最大限度地体现网站的功能；二是应形象简明、易于接受。设计页面时应当始终为目标用户着想，网页中的任何信息都应该是为用户服务，因此要确保网页中的信息能够被用户接受。

总之，设计网页布局时，以简单、和谐为主要追求目标。

常见的网页布局形式有以下 3 种：

1．"T"形布局

所谓"T"形结构就是指页面顶部为横条网站标志与广告条，下方左面为主菜单，右面显示内容的布局。因为菜单条背景颜色较深，整体效果类似英文字母"T"，所以称为"T"形布局。这是网页设计中广泛使用的一种布局方式。

2．"口"字形布局

这是一种象形的说法，就是页面的上下各有一个广告条，左侧是主菜单，右侧放置友情链接等内容，中间是主要内容。也有将四边空出，只用中间的窗口型设计，如网易壁纸站。

这种布局的优点是充分利用版面，信息量大；其缺点是页面拥挤，不够灵活。

3．POP 布局

POP 引自广告术语，就是指页面布局像一张宣传海报，以一张精美图片作为页面的设计中心。常用于时尚类站点。

其优点是漂亮且吸引人的关注，缺点是加载速度慢。

子任务 3　网站的配色

无论是平面设计，还是网页设计，色彩永远是最重要的一环。当我们距离显示屏较远时，看到的不是优美的版式或者是美丽的图片，而是网页的色彩。

1．标准颜色

标准颜色是指能够体现网站形象和延伸内涵的颜色，主要用在网站的标识、主菜单上，给用户一种整体统一的感觉。标准颜色一般不宜超过三种。常用的标准颜色有：蓝/绿色、黄/橙色、黑/灰/白三大系列色。

2．其他颜色

标准颜色定下来以后，其他的颜色也可以使用，但只能作为点缀和衬托，绝不能"喧宾夺主"。选择颜色要和网页的内涵相关联，让人产生联想，如蓝色联想到天空、黑色联想到黑夜、红色联想到喜庆等。

3．网页色彩搭配原理

1）鲜明性。
2）独特性。
3）合适性。
4）联想性。

4．色彩搭配的技巧

1）用一种色彩。这里是指先选定一种色彩，然后调整透明度或饱和度，这样的页面看起来色彩统一，有层次感。

2）用两种色彩。先选定一种色彩，然后选择它的对比色。

3）用一个色系。简单地说，就是用一个感觉的色彩，如淡蓝、淡黄、淡绿、或者土黄、土灰、土蓝。确定色彩的方法因人而异，如在 Photoshop 中单击前景色方框，在弹出的"混色器"对话框中选择"自定义"，然后在"色库"中选择即可。

4）用黑色和一种彩色。例如，大红的字体配黑色的边框感觉很鲜明。

5．避免配色中的误区

1）不要将所有颜色都用到，尽量控制在 3～5 种色彩。

2）背景和前文的对比尽量要大（绝对不要用花纹繁复的图案作为背景），以便突出主要文字内容。

注意

专业研究机构的研究表明：对彩色的记忆效果是黑白的 3.5 倍。在一般情况下，彩色页面比完全黑白页面更加吸引人。通常的做法是：主要内容用非彩色（黑色），边框、背景、图片用彩色。这样页面整体不单调，看主要内容时也不会眼花缭乱。对色彩的心理感觉分析为：红色是一种使人激奋的色彩，使人产生冲动、热情、活力的感觉；绿色介于冷色与暖色之间，给人和睦、宁静、健康、安全的感觉；黄色充满快乐和希望，它的亮度最高；蓝色是凉爽、清新、专业的色彩；白色给人明快、纯真、清洁的感觉；黑色给人深沉、神秘、寂静的感觉；灰色是一种平庸、平凡、温和、谦让、中立和高雅的颜色。

任务四　使用可视化向导

子任务 1　使用"标尺"和"网格"

1．设置标尺

标尺可帮助用户测量、组织和规划布局。标尺可以显示在页面的左边框和上边框中，以像素、英寸或厘米为单位来标记。

1）标尺的显示和隐藏状态切换："查看"→"标尺"→"显示"。

2）原点更改：将标尺原点图标（在"文档"窗口的"设计"视图左上角）拖到页面上的任意位置。

3）将原点重设到默认位置，依次选择"查看"→"标尺"→"重设原点"。

4）度量单位的更改，依次选择"查看"→"标尺"，然后选择"像素"、"英寸"或"厘米"。

2．使用布局网格

网格在"文档"窗口中显示一系列的水平线和垂直线。它对于精确地放置对象很有用。通过网格可以让经过绝对定位的页元素在移动时自动靠齐网格，还可以通过指定网格设置更改网格或控制靠齐行为。无论网格是否可见，都可以使用靠齐。

1）显示或隐藏网络："查看"→"网格设置"→"显示网格"。

2）启用或禁用靠齐："查看"→"网格设置"→"靠齐到网格"。

3）更改网格设置："查看"→"网格"→"网格设置"，在弹出的"网格设置"对话框中进行相应的设置，如图 2-11 所示。

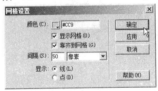

图 2-11　"网格设置"对话框

> 颜色：指定网格线的颜色。可单击色样表并从颜色选
> 择器中选择一种颜色，或者在文本框中输入一个代表不同颜色的十六进制数。

> 显示网格：使网格在"设计"视图中可见。

> 靠齐到网格：使页面元素靠齐到网格线。

> 间隔：控制网格线的间距。输入一个数字并从其后的下拉列表中选择"像素""英寸"或"厘米"。

> 显示：指定网格线是显示为线条还是点。
> 如果未选中"显示网格"复选框，那么将不会在文档中显示网格，并且看不到更改。

子任务 2　使用"跟踪图像"

"跟踪图像"是Dreamweaver一个非常有效的功能，它允许用户在网页中将原来的平面设计稿作为辅助的背景。这样用户就可以非常方便地定位文字、图像、表格、层等网页元素在该页面中的位置。

跟踪图像的具体使用：首先使用各种绘图软件做出一个想象中的网页排版格局图，然后将此图保存为网络图像格式（包括 GIF、JPG、JPEG 和 PNG）。在 Dreamweaver 中将刚创建的网页排版格局图设为跟踪图像，再在图像透明度中设定跟踪图像的透明度。这样就可以在当前网页中方便地定位各个网页元素的位置了。

使用了跟踪图像的网页在用 Dreamweaver 编辑时不会再显示背景图案，但当使用浏览器浏览时正好相反，跟踪图像不见了，所见的就是经过编辑的网页（包括背景图案或颜色）。

1. 将跟踪图像放在文档窗口中

依次单击"查看"→"跟踪图像"→"载入"，在弹出的"选择图像源文件"对话框中选择图像文件，如图 2-12 所示。

单击"确定"按钮后进入"页面属性"对话框，如图 2-13 所示，最后单击"确定"按钮。

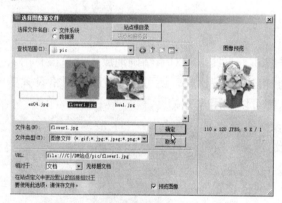

图 2-12 "选择图像源文件"对话框

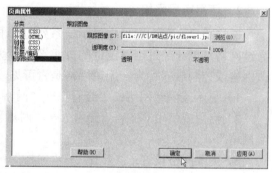

图 2-13 "页面属性"对话框

2. 跟踪图像相关设置

1）显示或隐藏跟踪图像："查看"→"跟踪图像"→"显示"。

2）更改跟踪图像的位置："查看"→"跟踪图像"→"调整位置"。使用方向键定位图标或在指定位置输入坐标。

 注意

逐个像素地移动图像时，使用箭头键；一次 5 个像素地移动图像时，按<Shift>+箭头键。

3）重设跟踪图像的位置：依次单击"查看"→"跟踪图像"→"重设位置"，此时跟踪图像随即返回到"文档"窗口的左上角（0，0）。

4）将跟踪图像与所选元素对齐：在"文档"窗口中选择一个元素（文字或图片等均可），依次单击"查看"→"跟踪图像"→"对齐所选范围"，此时跟踪图像的左上角与所选元素的左上角对齐。

学 材 小 结

知识导读

本模块主要介绍了网页的基本操作，如新建、打开、保存、另存为等；可视化向导的作用及操作；如何规划和创建站点并对站点进行管理。

理论知识

1）什么是本地站点？

2）站点的规划从哪几个方面着手进行？

实训任务

实训一　创建个人网站的本地站点

【实训目的】

掌握站点的规划创建过程。

已准备的素材有：文档资料、视频文件、图片（背景图片、个人图片、好友图片等）、声音文件（喜欢的歌曲、英语听力练习等）。

【实训内容】

1）创建站点文件夹。

2）规划站点内各子文件夹。

实训二　设计一个网页布局的图片并设为跟踪图像

【实训目的】

设计规划网页布局。

根据布局实现网页设计。

【实训内容】

1）设计网页布局图片。

2）将网页布局图片设为跟踪图像。

3）按照跟踪图像所示实现网页设计。

实训三　创建个人网站的主页

【实训目的】

掌握网页的创建、保存、打开操作。

【实训内容】

1）新建一个网页，在网页上添加一行文字："这是***的个人主页"。

2）将该网页文件命名为 index.html。

3）试着练习"使用可视化向导"中的各项内容。

模块三

网页制作的基本知识

本模块导读

从前面的学习可知，网页是一个 HTML 文件。另外，图形化的 HTML 开发工具，使得网页的制作变得越来越简单，主要的 HTML 开发工具有微软公司的 Microsoft FrontPage、Adobe 公司的 Adobe Page Mill 和 Macromedia 公司推出的 Dreamweaver 等编辑工具，它们都被称为"所见即所得"的网页制作工具。这些图形化的开发工具可以直接处理网页，而不用书写标记。用户在没有 HTML 基础的情况下，照样可以编写网页，编写 HTML 文档的任务由开发工具完成。这既是网页制作工具的优点也是它的缺点，原因是受图形编辑工具自身的约束，将产生大量的垃圾代码。一个优秀的网页编写者应该在掌握图形编辑工具的基础上进一步学会 HTML，从而知道哪些是垃圾代码。这样，就可以利用图形化 HTML 开发工具快速地设计出网页，又会消除无用的代码，从而达到快速制作高质量网页的目的。

CSS 是 Cascading Style Sheets 的简称，中文译为"层叠样式表"，是一组样式。无论用户使用什么工具软件制作网页，都在有意无意地使用 CSS。用好 CSS 能使网页更加简洁美观。不同类型的样式使用方法与用途各不相同，用户需要根据自己的需求选择样式表的类型。

本模块要点

- 学习并使用 HTML 编写网页
- 学习并使用 CSS 样式设计网页格式
- 网页常用格式介绍

任务一 认识 HTML

子任务 1 什么是 HTML

1. HTML 简介

HTML 是一种用来制作超文本文档的简单标记语言。用 HTML 编写的超文本文档称为 HTML 文档，它能独立于各种操作系统平台（如 UNIX、Windows 等）。自 1990 年以来，HTML 就一直被用作 World Wide Web 的信息表示语言，用于描述 Homepage 的格式设计以及它与 WWW 上其他 Homepage 的连接信息。使用 HTML 描述的文件，需要通过 WWW 浏览器显示出效果。

2. 应用 HTML 制作简单网页

步骤

步骤 1 依次单击"开始"→"程序"→"附件"→"记事本"，打开记事本，输入代码，并将当前文件保存为 lx1.html（文件名可自行定义，扩展名一定为.html），如图 3-1 所示。

步骤 2 依次单击"开始"→"程序"→"Internet Explorer"，打开网页浏览器。再依次单击"文件"→"打开"，弹出如图 3-2 所示的对话框。

步骤 3 单击"浏览"按钮，找到刚才建立的 lx1.html 文件，然后单击"确定"按钮，网页显示如图 3-3 所示。

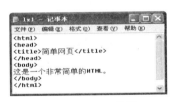

图 3-1 HTML 编辑　　　　图 3-2 IE 打开网页对话框　　　　图 3-3 浏览器显示网页

子任务 2 HTML 文档的基本结构

1. HTML 语法

HTML 文档是纯文本文档，由显示在窗口中的文字和 HTML 标记（TAG）组成。标记总是封装在由"<"和">"组成的一对尖括号之中。标记只改变网页的显示方式，本身不会显示在窗口中。标记（有些软件中也称为标签）分为单标记和双标记。

（1）双标记　双标记由始标记和尾标记两部分构成，必须成对使用，如"<title>"和"</title>"，在始标记和尾标记之间放入要修饰或说明的内容。

29

始标记告诉 Web 浏览器从此处开始执行该标记所表示的功能，而尾标记告诉 Web 浏览器在这里结束该功能。始标记前加一个斜杠（/）即成为尾标记。

双标记的语法如下所示：

<标记>内容</标记>

其中"内容"部分就是要被这对标记施加作用的部分。

（2）单标记　单标记只需单独使用就能完整地表达意思，这类标记的语法如下所示：

<标记>

最常用的单标记是
，表示在一个段落未结束时，显示强制换行。

（3）标记属性　许多单标记和双标记的始标记内可以包含一些属性，属性在双标记的始标记内或单标记内指定。其语法如下所示：

<标记名字 属性1 属性2 属性3...>

各属性之间无先后次序，属性也可省略（即取默认值），例如单标记<HR>表示在文档当前位置画一条水平线（Horizontal Line），一般是从窗口中当前行的最左端一直画到最右端。带一些属性：

<HR SIZE=2 ALIGN=CENTER WIDTH="50%">

其中 SIZE 属性定义线的粗细，属性值取整数，默认值为 1；ALIGN 属性表示对齐方式，可取 LEFT（左对齐，默认值）、CENTER（居中）、RIGHT（右对齐）；WIDTH 属性定义线的长度，可取相对值（由一对双引号引起来的百分数，表示相对于充满整个窗口的百分比），也可取绝对值（用整数表示的屏幕像素点的个数，如 WIDTH=300），默认值是"100%"。

 注意

HTML 文档的标记不区分大小写。

（4）注释语句　像其他计算机语言一样，HTML文件也提供注释语句。浏览器会忽略此标记中的文字而不做显示。注释语句的格式如下所示：

<! -- 注释语句 -->

2．HTML 文档的基本结构

```
<html>
  <head>
    <title>...</title>
  </head>
  <body>...</body>
</html>
```

标签说明：

1）HTML 文档中，第一个标记是<html>。这个标记告诉浏览器这是 HTML 文档的开始。HTML 文档的最后一个标记是</html>，这个标记告诉浏览器这是 HTML 文档的终止。

2）<head>和</head>标记表示 HTML 文本的头区域。在浏览器窗口中，头信息是不被显示的。

3）<title>和</title>标记之间的文本是 HTML 文件的标题，它被显示在浏览器的顶端。

4）<body>和</body>标记之间的文本是正文，表示文件的主体信息。

5）作为 HTML 的开端，建议用户使用小写标记编写 HTML，尽管 HTML 对规范化书写并不是要求很严格，但是规范化书写在今后会逐渐成为一种趋势。

子任务 3   HTML 常用标记及属性

1. 页面设计与文字设计的 HTML 标记

在"<body>…</body>"标记之间直接输入文字就可以显示在浏览器窗口中，但是要制作真正实用的网页，必须对输入的文字进行修饰。

（1）划分段落   为了排列整齐、清晰，文字段落之间，常用<p>…</p>来做标记。文件段落的开始由<p>来标记，段落的结束由</p>来标记，</p>是可以省略的，因为下一个<p>的开始就意味着上一个<p>的结束。

<p>标记还有一个属性 align，它用来指明字符显示时的对齐方式，一般值有 center、left、right 三种。

 注意

只有使用"<p>…</p>"标记对时，对齐属性才起作用。

实例 3-1   应用段落标记的 HTML 代码及效果图。

代码：

```
<html>
  <head>
    <title>      段落练习      </title>
  <body>
    <p align=left>人之初，性本善；</p>
    <p align=center>性相近，习相远。</p>
    <p align=right>苟不教，性乃迁；</p>
    <p> <center>教之道，贵以专。</center></p>
  </body>
```

效果如图 3-4 所示。

（2）标题文字   标题标记为<hn>，其中 n 为标题的大小。HTML 总共提供 6 个等级的标题，n 越小，标题字号就越大。

实例 3-2   应用标题标记的代码及效果图。

代码：

```
<html>
  <head>
    <title>      段落练习      </title>
```

```
<body>
    <h1><p align=left>人之初，性本善；（一级标题）</p>
    <h2><p align=center>性相近，习相远。（二级标题）</p>
    <h3><p align=right>苟不教，性乃迁；（三级标题）</p>
    <h4><p> <center>教之道，贵以专。（四级标题）</center></p>
</body>
```

效果如图 3-5 所示。

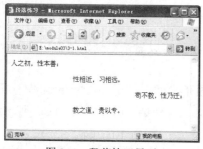

图 3-4 段落练习显示

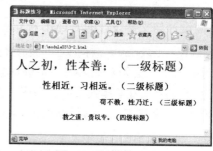

图 3-5 标题练习显示

（3）字号属性

1）HTML 提供了"基准字号"标记，可将网页文件内最常用的文本大小设置为基准字号，其他的文本可以在此基础上改变大小。设置基准字号的格式为：

```
<base font size=数值>
```

2）对于网页内的其他文字，可以采用下面的格式来定义。

```
<font size=数值>…</font>
```

如果在数值的前面加上"+"或"-"号，则表示相对基础字体增大或减小若干字号。

实例 3-3 应用字号标记的代码及效果图。

代码：

```
<html>
  <head>
    <title>       字号练习       </title>
  <body>
    <base font size=7>
        <p align=left>人之初，性本善；   </p>
    <base font size=5>
      <font size=1>
        <p align=center>性相近，习相远。</p>
      </font>
      <font size=+1>
      <p align=right>苟</font>不教，
        <font size= -1>性</font>乃迁；   </p>
    <p> <center>教之道，贵以专。</center></p>
  </body>
```

效果如图 3-6 所示。

（4）水平线段 使用<hr>标记可以在屏幕上显示一条水平线，用以分割页面中的不同部分。

属性说明：

1）size：水平线段的宽度。默认值为 1。

2）width：水平线段的长度，用占屏幕宽度的百分比或像素值来表示。

3）align：水平线段的对齐方式，有 left、right、center 三种可选。

4）no shade：线段无阴影属性，为实心线段。

5）color：设置水平线段的颜色。

图 3-6　字号练习显示

实例 3-4　应用水平线段标记的 HTML 代码及效果图。

代码：

```
<html>
  <head>
    <title>    水平线段练习    </title>
  <body>
    <font size=5>
    <hr size=2>    <p align=left>人之初，性本善；</p>  </hr>
      <p align=center>性相近，习相远。</p>
    <hr size=10 align=center width=50% >
      <p align=right>苟不教，性乃迁；</p></hr>
    <hr size=5 color=ff33ee align=right width=30% no shade >
    <p> <center>教之道，贵以专。</center></p></hr>
  </body>
```

效果如图 3-7 所示。

图 3-7　水平线段练习显示

（5）文字的样式

1）文字的字体通过"font"的"face"属性来设置。

语法：<font face="字体"> </font>

说明：用户设置的字体与计算机上安装的字体有关，如果站点访问者的计算机上没有安装用户定义的字体，那么在用户计算机的屏幕上网页中的字体就无法正常显示。face 属性还可以指定一个字体列表，如果浏览器不支持第一种字体，就会尝试显示第二种、第三种……依此类推，直到能够显示为止。

2）文字的颜色通过"font"的"color"属性设计。

语法: <font color=rrggbb>字符串</font>

说明: rr、gg、bb 分别以十六进制的形式表示红、绿、蓝色的数值，范围在 00～FF 之间。通过红、绿、蓝三原色的任意组合，可以得到 1600 万种颜色。

3）对文本进行粗体、斜体、下划线、等宽体、增大、缩小和上下标等修饰操作，语法格式见表 3-1。

表 3-1　文字格式

语　　法	样 式 说 明
...	粗体
<i>...</i>	斜体
<u>...</u>	下画线
<strike>...</strike>	删除线
...	强调文字，通常用斜体
...	特别强调的文字，通常用黑体
<tt>...</tt>	以等宽体显示西文字字符
<big>...</big>	使文字相对于前面的文字增大一号
<small>...</small>	使文字相对于前面的文字减小一号
^{...}	使文字成为前一个字符的上标
_{...}	使文字成为前一个字符的下标
<blank>...</blank>	使文字显示为闪烁效果

实例 3-5　应用文字样式的 HTML 代码及效果图。

代码:

```
<html>
  <head>
    <title>    文字样式    </title>
  <body>
    <font size=5><center>
    <font face=华文新魏 color=88ee22><p>人之初，性本善;</p>
    <font face=隶书 color=ff33ee><p>性相近，习相远。</p>
    <font face=宋体 color=00ffee><p><b>苟</b><i>不</i><u>教</u>,
  <strike>性</strike><em>乃</em><big>迁</big>; </p>
    <p><font  color=88ee22>教之道，贵以专。</p></center>
  </body>
```

效果如图 3-8 所示。

2. 图片的插入

超文本支持的图像格式一般有 X BitMap（XBM）、GIF、JPEG 三种，对图片处理后要保存为这三种格式中的任意一种，这样才可以在浏览器中看到。

（1）在网页中插入图片　插入图像的标记是<img>，其格式为:

<img src="图形文件地址">

src 属性指明了所要链接的图形文件地址，这个图形文件可以是本地机器上的图形，也可以是位于远端主机上的图形。

（2）图片的属性

1）图片的高度和宽度：height 和 width 分别表示图形的高度和宽度。通过这两个属性，可以改变图形的大小，如果没有设置，那么图形按真实大小显示。

2）空白大小：hspace 表示图片左右的空间，vspace 表示图片上下的空间。

图 3-8　文字样式显示

3）边框厚度：border 用于设定图片的边框厚度。厚度取值范围为 0～99。

注意

在 IE 中，当一个图片包含超链接时，会自动显示蓝色边框，如果要去掉这个边框，可设置 border=0。

4）图文混排对齐方式：align 用于调整图片旁边文字的位置，可以控制文字出现在图片的上方、中间、底部、左右等。可选值为：top、middle、bottom、left、right，默认值为 bottom。

5）替换文字：alt 用于设定替换文字。为了加快浏览网页的速度，用户可在浏览器中关闭图片显示，原来放置图片的位置会显示一个方框。设定替换文字后，在方框中会显示替换文字，使用户知道此图片的内容。当把鼠标移动到图上时，无论图片是否显示，替换文字都可以显示出来（见实例 3-6），利用这个特性，替换文字也可以作为图片的注释。

实例 3-6　图片插入的 HTML 代码及效果图。

代码：

```
<html>
  <head>
    <title>    图片插入    </title>

  <body>
    <img src=" image\f3.jpg" width=100 hspace=5 vspace=5 border=2 align=left   alt=风景>
    刚出生时，人的本性是善良的。每个人的本性都一样，只是因为后天的环境不同，性格就出现差异了。如果从小不对孩子好好进行教育，他们善良的本性就会变化；教育的关键在于专业。
  </body>
```

效果如图 3-9 所示。

图 3-9　图片插入显示

35

3．列表的插入

（1）无序号列表　无序号列表使用的一对标记是<ul>…</ul>，每一个列表项前使用<li>。其结构如下所示：

```
<ul>
    <li>第一项
    <li>第二项
    <li>第三项
</ul>
```

（2）序号列表　序号列表和无序号列表的使用方法基本相同，它使用标记<ol>…</ol>，每一个列表项前使用<li>。每个项目都有前后顺序之分，多数用数字表示。其结构如下所示：

```
<ol>
    <li>第一项
    <li>第二项
    <li>第三项
</ol>
```

（3）定义性列表　定义性列表可以用来给每一个列表再加上一段说明性文字，说明独立于列表项另起一行显示。在应用中，列表项使用标记<dt>标明，说明性文字使用<dd>表示（用<dd>标记定义的说明文字自动向右缩进）。在定义性列表中，还有一个属性是compact，使用这个属性后，说明文字和列表项将显示在同一行。其结构如下所示：

```
<dl>
<dt>第一项　<dd>叙述第一项的定义
<dt>第二项　<dd>叙述第二项的定义
<dt>第三项　<dd>叙述第三项的定义
</dl>
```

实例 3-7　插入列表的 HTML 代码及效果图。

代码：

```
<html>
  <head>
    <title>    列表插入    </title>
  <body>
1．无序号列表
    <ul>
    <li>玉不琢，不成器；
    <li>人不学，不知义。
    <li>为人子，方少时，
        <li>亲师友，习礼仪。
    </ul>
    <hr size=5 no shade>
2．序号列表
    <ol>
        <li>玉不琢，不成器；
```

```
        <li>人不学，不知义。
        <li>为人子，方少时，
    <li>亲师友，习礼仪。
    </ol>
    <hr size=5 no shade>
```

3．定义列表

```
<dl>
<dt>玉不琢，不成器；　<dd>玉不经过雕琢就不能成为精美的玉器；
<dt>人不学，不知义。　<dd>人如果不学习也不会懂得礼仪。
<dt>为人子，方少时，　<dd>做子女的从小
<dt>亲师友，习礼仪。<dd>　就知道亲近老师和朋友，从他们那里学习礼仪知识。
</dl>
</body>
</html>
```

效果如图 3-10 所示。

4．表格

（1）表格的基本结构

<table>...</table>　定义表格

<caption>...</caption>　定义标题

<tr>　定义表行

<th>　定义表头

<td>　定义表元（表格的具体数据）

（2）表格的标题　表格标题的位置，可由align属性来设置，其位置可设置在表格上方或表格下方。

设置标题位于表格上方：<caption align=top> ...</caption>

设置标题位于表格下方：<caption align=bottom> ...</caption>

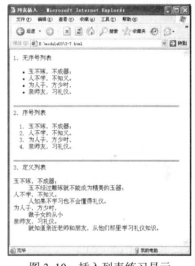

图 3-10　插入列表练习显示

（3）表格的大小　一般情况下，表格的总长度和总宽度是根据各行和各列的总和自动调整的，直接固定表格的大小，可以使用下列方式：

<table width=n1 height=n2>

width 和 height 属性分别指定表格一个固定的宽度和长度，n1 和 n2 可以用像素来表示，也可以用百分比（与整个屏幕相比的大小比例）来表示。

 注意

当 width 和 height 的值 n1 与 n2 为像素时，像素值可直接书写，而百分比数值要用双引号（""）括起来。

（4）边框尺寸设置　边框是用border属性来体现的，它表示表格的边框厚度和框线。将

border设成不同的值，有不同的效果。

（5）格间线宽度　格与格之间的线为格间线，它的宽度可以使用<table>中的cellspacing属性加以调节。格式是：

<table cellspacing=#>　　　"#"表示要取用的像素值

（6）内容与格线之间的宽度　还可以在<table>中设置cellpadding属性，用来规定内容与格线之间的宽度。格式为：

<table cellpadding=#>　　　"#"表示要取用的像素值

（7）表格内文字的对齐/布局表格中数据的排列方式　左右排列是以align属性来设置的，而上下排列则由valign属性来设置。

左右排列的位置可分为三种：居左（left）、居右（right）和居中（center）。

上下排列比较常用的有四种：上齐(top)、居中(middle)、下齐(bottom)和基线(baseline)。

实例 3-8　插入表格的 HTML 代码及效果图。

代码：

```
<html>
  <head>
     <title>      表格插入      </title>
  <body>
<caption    align=top> 2008 级计算机网络班学生名单  </caption>
<table width="100%" height="50%">
<table border=2    width=1000>
<tr><th width="10%">序号</th>
<th width="40%">姓名</th>
<th width="30%">性别</th>
<th width="20%">年龄</th>
<tr><td align=center>1</td><td align=left>张三</td><td align=right>男</td><td align=center>19</td>
<tr><td align=center>2</td><td align=left>李四</td><td align=right>女</td><td align=center>20</td>
<tr><td align=center>3</td><td align=left>王五</td><td align=right>男</td><td align=center>18</td>
</table>
</body>
</html>
```

效果如图 3-11 所示。

图 3-11　表格练习显示

5. 超链接

（1）建立超链接　超文本中的链接是其最重要的特性之一，使用者可以从一个页面直接跳转到其他的页面、图像或者服务器。一个链接的基本格式如下：

<a href="URL">链接文字</a>

➢ 标记<a>表示一个链接的开始，</a>表示链接的结束。

➢ 属性"href"定义了这个链接所指的地方，用"URL"进行标识。

➢ 通过单击"链接文字"可以到达指定的文件。

（2）链接到图片文件　图片也可以包含超链接，基本格式为：

<a href="URL"><img src=URL border=0></a>

（3）链接到邮件和多媒体文件　超链接的目标可以是一个网站、网页文件、邮件或其他目标。基本格式为：

<a href=mailto:收件人地址 >链接文字</a>

单击"链接文字"时，浏览器会自动打开所链接的邮件系统，如 Outlook Express，并进入创建新邮件状态，同时把收信人地址设为"mailto"后面的邮件地址。

当链接的目标为".txt"".jpg"".gif"等可以直接用浏览器打开的文件时，浏览器会直接显示这些文件。

当链接目标为".rm"".wav"".swf"等多媒体文件时，如果用户的计算机上安装有播放这些多媒体文件的工具，浏览器会自动打开这些程序并开始播放这些文件。

如果链接目标为浏览器不能自动打开的文件格式，则会弹出"文件下载"对话框，用户可根据需要下载或打开文件，如图 3-12 所示。

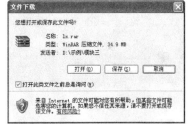

图 3-12 "文件下载"对话框

6. 网页中多媒体的应用

（1）网页中加入声音　可分为两种情况加入声音：一种是当浏览页面时自动播放背景音乐；另一种是由访问者控制声音的播放。

1）自动播放声音：

<bgsound src="声音文件"　loop=数字>

其中声音文件为 WAV 或 MID 文件，通过 loop 属性值设定循环播放次数，要无限次播放时，则将 loop 值设为 infinite。

2）由用户控制声音的播放（通过超链接实现）：

<a herf ="声音文件">链接提示</a>

实例 3-9　播放声音文件的 HTML 代码及效果图。

代码：

```
<html>
    <head>
        <title> 声音播放 </title>
    <body>
        正在播放背景音乐，连续播放三遍
```

```
        <bgsound src="media\ding.wav" loop=3>
        <p>单击 <a href="media\notify.wav">声音</a>播放
    </body>
    </html>
```

效果如图 3-13 所示。

（2）网页中加入电影基本格式为：

<img dynsrc="影视文件名"start=n1 loop=n2 loopdelay=n3 controls>

影视文件一般为 AVI 格式的文件。

start：控制影视文件如何开始播放，n1 的值为 fileopen
时，表示当页面一打开就播放，而值为 mouseover 时，表示
当鼠标移到播放区域时才播放。默认值为 fileopen。

图 3-13　声音播放练习

loop：设置播放次数，n2 的值为整数或 infinite，当其值为 infinite 时，表示将一直不停
地循环播放。

loopdelay：设置前后两次播放之间的间隔时间，n3 的单位是 1/1000s。

controls：显示视频播放控制条，以便用户控制视频的播放。

实例 3-10　播放影视文件的 HTML 代码及效果图。

代码：

```
<html>
    <head>
        <title> 视频播放 </title>
    <body>
        在线看电影
        <img dynsrc="media\ speedis.avi" control>
    </body>
</html>
```

任务二　认识 CSS

子任务 1　什么是 CSS

1. CSS 简介

CSS（Cascading Style Sheets）即层叠样式表，是一种用来表现 HTML（标准通用标记语
言的一个应用）或 XML（标准通用标记语言的一个子集）等文件样式的计算机语言。

CSS 是能够真正做到网页表现与内容分离的一种样式设计语言。相对于传统 HTML 的表
现而言，CSS 能够对网页中的对象的位置排版进行像素级的精确控制，支持几乎所有的字体
和字号样式，拥有对网页对象和模型样式编辑的能力，并能够进行初步交互设计，是目前基
于文本展示最优秀的表现设计语言之一。

在网页制作时采用 CSS 技术，可以有效地对页面的布局、字体、颜色、背景和其他效果实现更加精确的控制。只要对相应的代码做一些简单的修改，就可以改变同一页面的不同部分，或者页数不同的网页的外观和格式。

优点：

1）在几乎所有的浏览器上都可以使用。

2）以前一些必须通过图片转换实现的功能，现在只要用 CSS 就可以轻松实现，从而更快地下载页面。

3）使页面的字体变得更漂亮，更容易编排，使页面真正"赏心悦目"，轻松地控制页面的布局。

4）可以将许多网页的风格格式同时更新，不用再一页一页地更新了。可以将站点上所有的网页风格都使用一个 CSS 文件进行控制，只要修改这个 CSS 文件中相应的行，那么整个站点的所有页面都会随之发生变动。

2．CSS 与 HTML 在网页设计中的应用对比

实例 3-11　应用 CSS 设置网页内容格式。

要求：标题为红色、36 号字、加粗；奇数行正文格式为黑色、24 号字、加粗；偶数行正文格式为蓝色、28 号字、斜体。设置后的网页如图 3-14 所示。

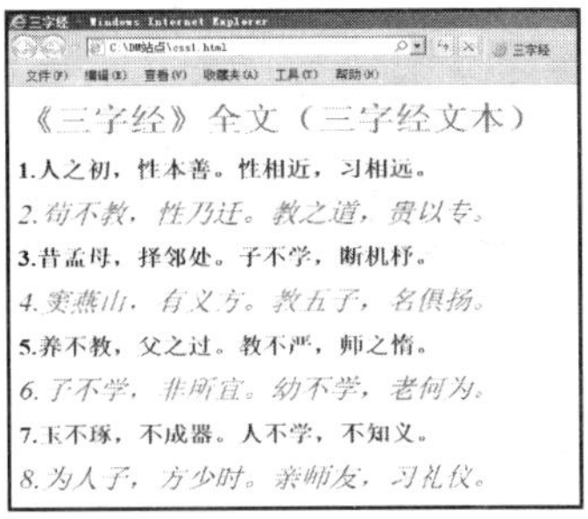

图 3-14　实例 3-11 网页示意图

使用 CSS 时的网页源代码如下（代码中的下划线仅为对比之用，并非代码中的一部分）：

```
<head>
<title>三字经</title>
<style>
bt {color: red; font-size: 36px; font-weight: bold ;}
zwj {color: black; font-size: 24px; font-weight: bold ;}
zwo {color: blue; font-size: 28px; font-style: italic ;}
</style>
</head >
<body>
    <p ><bt>《三字经》全文（三字经文本）</bt></p>
    <p ><zwj>1.人之初，性本善。性相近，习相远。</zwj></p>
    <p ><zwo>2.苟不教，性乃迁。教之道，贵以专。</zwo></p>
    <p ><zwj>3.昔孟母，择邻处。子不学，断机杼。</zwj></p>
    <p ><zwo>4.窦燕山，有义方。教五子，名俱扬。</zwo></p>
    <p ><zwj>5.养不教，父之过。教不严，师之惰。</zwj></p>
    <p ><zwo>6.子不学，非所宜。幼不学，老何为。</zwo></p>
    <p ><zwj>7.玉不琢，不成器。人不学，不知义。</zwj></p>
    <p ><zwo>8.为人子，方少时。亲师友，习礼仪。</zwo></p>
```

```
</body>
```

如果使用 HTML 实现上面的页面效果，则源代码为：

```
<head>
<title>三字经</title>
<body>

        <p><font color=ff0000><font size=36><strong>
        《三字经》全文（三字经文本）</strong></p>

        <p><font color="#000000"><font size=24><strong>
        1.人之初，性本善。性相近，习相远。</strong></p>

        <p><font color="#000066"><font size=28><em>
        2.苟不教，性乃迁。教之道，贵以专。</em></p>

        <p><font color="#000000"><font size=24><strong>
        3.昔孟母，择邻处。子不学，断机杼。</strong></p>

        <p><font color="#000066"><font size=28><em>
        4.窦燕山，有义方。教五子，名俱扬。</em></p>

        <p><font color="#000000"><font size=24><strong>
        5.养不教，父之过。教不严，师之惰。</strong></p>

        <p><font color="#000066"><font size=28><em>
        6.子不学，非所宜。幼不学，老何为。</em></p>

        <p><font color="#000000"><font size=24><strong>
        7.玉不琢，不成器。人不学，不知义。</strong></p>

        <p><font color="#000066"><font size=28><em>
        8.为人子，方少时。亲师友，习礼仪。</em></p>

</body>
</html>
```

说明：

1）如果想改变奇数行正文的字号为 32，在 CSS 中只需将<style>标记后的 zwj 行中的 "font size" 的值改为 32 即可（只需修改一个地方的值）；而在 HTML 中，则需分别将 1、3、5、7 行中的 "font size" 的值改为 32（需要修改 4 个地方，如正文中行数较多，则修改的地方更多）。由此可知，使用 HTML 的源代码比使用 CSS 的源代码要复杂。

2）在 CSS 和 HTML 用不同形式标注的同一部分所实现的功能相同。

3）应用 CSS 代码设计网页时，在"拆分"视图可以直观地看到不同格式的显示效果，与预览效果一致；应用 HTML 设计网页时，在"拆分"视图不能直观地看到设置后的效果，必须通过预览才可以看到。

子任务 2   CSS 的基本语法

1. CSS 基本语法

在 HTML 文档的头部标记<head>中使用 "<style>…</style>" 之间的风格定义语句来定

义文档中各种对象的风格，也可以使用内联样式表和外部样式表。

CSS 风格定义的基本格式如下：

```
<style type="text/css">
选择器（即要修饰的对象或者说是标签）
{
对象的属性1：属性值；
对象的属性2：属性值；}
</style>
```

注意

1）<style>表示 CSS 定义开始；type="text/css"表示定义的是 CSS 文本，此属性可省略。

2）风格定义行最前面为要定义属性的标记的名称，如实例 3-11 中的"bt""zwj"和"zwo"等；属性定义用花括号"{}"包含；属性和属性值用冒号"："分隔，要定义多个属性时，各属性间用分号"；"分隔。例如下面的标题格式定义：

```
<style >                  /*省略了 type="text/css"/
bt{color:red;            /*标记定义为 bt，颜色属性值为红色*/
font-size: 36px;         /*字号属性值为 36*/
font-weight: bold;       /*字体效果为加粗*/
  }                       /*定义结束*/
</style>
```

2. 类选择器

当在一个页面中相同的标记要表现为不同的效果时，要用到类（Class）。定义类的语法为：

类名{标志属性名：属性值；……标志属性名：属性值}

已经定义的类可以在页面的 HTML 文档中引用，语法为：

```
<class=类名>
```

例如：<class=类名（自己刚才定义的类名）><li>人之初，性本善</li>

实例 3-12 应用 CSS 中的类，实现如图 3-15 所示的网页。

定义 CSS 标记如下：

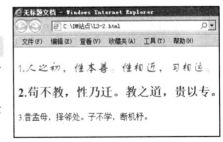

图 3-15 实例 3-12 网页示意图

```
<style type="text/css">
.class1 {    font-family: "方正舒体";font-size: 24px;color: #f00;}
.class2 {    font-size: 24px; font-weight: bold; color: #00F ;}
</style>
```

说明：以上代码定义了两个类——class1 和 class2，class1 表示字体为方正舒体、24 号字，字体颜色为红色；class2 表示字体为 24 号字，字体颜色为蓝色。

代码：

```
<head>
<title>无标题文档</title>
<style type="text/css">
.class1 {     font-family: "方正舒体";font-size: 24px;color: #f00;}
.class2 {     font-size: 24px; font-weight: bold; color: #00F ;}
</style>
</head>
<body>
<p class="class1">1.人之初，性本善。性相近，习相远。</p>
<p class="class2">2.苟不教，性乃迁。教之道，贵以专。</p>
<p >3.昔孟母，择邻处。子不学，断机杼。</p>
<span class="class1"></span>
</body>
</html>
```

3. ID 标志

ID 标志可以用来实现同一风格应用到页面中的不同地方，它的语法是：

#ID 标志名﹛标志属性名：属性值；……标志属性名：属性值﹜

例如：

```
#a {font-size:30px}          /*此外 a 为用户定义的选择器名称*/
```

应用：

```
<p   id="a">人之初，性本善</p> /*在当前段落中设置字号为 ID 标志 a 所定义的 30*/
```

4. 不同类型选择器优先级

例如：

```
p {font-size: 30px}
#aaa {font-size: 10px}
.bbb {font-size: 20px}
```

应用：

```
<p id="aaa" class="bbb" style="font-size:25px">人之初，性本善</p>
```

上述语句生效的是 style="font-size:25px"，也就是说，字号最终为 25 像素，因为在 CSS 样式表中行内样式优先级是最高的，其次是 ID 选择器，然后是类选择器，最后是标记选择器。

子任务 3 CSS 的类型

1. 内联样式表（也称行内样式表）

直接在 HTML 标记内，插入 style 属性，再定义要显示的样式，这是最简单的样式定义方法。不过，利用这种方法定义样式时，只可以控制该标记，其语法如下：

```
<标记名称 style="样式属性：属性值；……样式属性：属性值">
```

例如：`<body style=" color:#FF0000;font-family:"宋体";cursor: url (3151.ani) ;">`

实例 3-13　应用内联样式设置网页主体内容的标题部分为"楷体、36 像素、蓝色加粗字体"，如图 3-16 所示。

步骤

步骤 1　打开 Dreamweaver CS6，新建 HTML 文档，命名为"sl3-13.html"，输入相应文本内容。

步骤 2　在"属性"面板中选中"CSS"项，在"目标规则"下拉列表中选择"<新内联样式>"，单击"编辑规则"按钮，如图 3-17 所示。

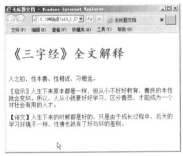

图 3-16　实例 3-13 网页效果示意图　　　图 3-17　内联样式新建示意图

步骤 3　在弹出的"<内联样式>的 CSS 规则定义"对话框中进行相关设置，如图 3-18 所示。

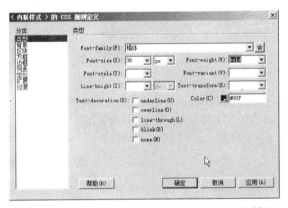

图 3-18　"<内联样式>的 CSS 规则定义"对话框

说明：1）当前网页源代码如下，其中加粗部分为内联样式的 CSS 代码。

```
<body>
<p style="color: #00F; font-weight: bold; font-size: 36px; font-family: '楷体';">《三字经》全文解释</p>
<p>　人之初，性本善。性相近，习相远。　</p>
<p>【启示】人生下来原本都是一样，但从小不好好教育，善良的本性就会变坏。所以，人从小就要好
好学习，区分善恶，才能成为一个对社会有用的人才。　</p>
```

<p>【译文】人生下来的时候都是好的，只是由于成长过程中，后天的学习环境不一样，性情也就有了好与坏的差别。</p>

</body>

2）注意，在当前网页中，设置的内联样式在第一个段落标记中，起作用的只有第一段内容。用户可以尝试对不同段落设置不同的内联样式，并观察网页显示效果。

2. 嵌入样式表

<style type="text/css">

嵌入样式表是把样式表放到页面的<head>中，这些定义的样式就应用到页面中了。样式表是用<style>标记插入的。

```
<head>
…
<style type="text/css">
<!--
hr {color: sienna}
p {margin-left: 20px}
body {… }
-->
</style>
…
</head>
```

<style>元素是用来说明所要定义的样式的。type 属性是指定 style 元素以 CSS 的语法定义。有些低版本的浏览器不能识别<style>标记，这意味着低版本的浏览器会忽略<style>标记里的内容，并把<style>标记里的内容以文本直接显示到页面上。为了避免这样的情况发生，用加 HTML 注释的方式"<!-- 注释 -->"隐藏内容而不让它显示。

实例 3-14 应用嵌入样式设置网页格式，如图 3-19 所示（将楷体、36 像素、蓝色加粗字体设为类，并在指定标志中引用，本例在第 4 段中引用样式）。

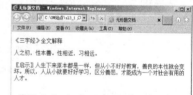

图 3-19 实例 3-14 网页效果示意图

步骤

步骤 1 打开 Dreamweaver CS6，新建 HTML 文档，命名为"sl3-14.html"，输入相应文本内容。

步骤 2 在"属性"面板中选择"CSS"项，在"目标规则"下拉列表中选择"<新 CSS 规则>"，单击"编辑规则"按钮，如图 3-20 所示。

图 3-20 新建嵌入样式表示意图

步骤 3 在弹出的"新建 CSS 规则"对话框中进行设置，如图 3-21 所示（输入选择器名称"qrysb"，规则定义中选择"（仅限该文档）"），单击"确定"按钮。

步骤4 在弹出的".qrysb 的 CSS 规则定义"对话框中进行相关设置，如图 3-22 所示。

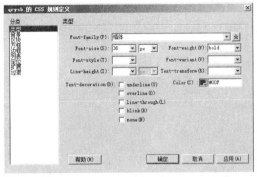

图 3-21 "新建 CSS 规则"对话框　　图 3-22 ".qrysb 的 CSS 规则定义"对话框

说明：当前网页源代码如下，其中加粗部分为嵌入样式表的 CSS 代码，加粗并带下划线部分为在第 4 段引用嵌入样式表中定义的类。

```
<html xmlns="http://www.w3.org/1999/xhtml">
<head>
<meta http-equiv="Content-Type" content="text/html; charset=utf-8" />
<title>无标题文档</title>
<style type="text/css">
.qrysb {
 font-family: "楷体";
 font-size: 36px;
 color: #00F;
}
</style>
</head>
<body>
<p>《三字经》全文解释</p>
<p>    人之初，性本善。性相近，习相远。
    </p>
 <p >【启示】人生下来原本都是一样，但从小不好好教育，善良的本性就会变坏。所以，人从小就要好好学习，区分善恶，才能成为一个对社会有用的人才。
    </p>
 <p class="qrysb">【译文】人生下来的时候都是好的，只是由于成长过程中，后天的学习环境不一样，性情也就有了好与坏的差别。</p>
</body>
</html>
```

3．外部样式表

（1）基本概念　在编制一个包含很多页面的网站时，各页面的风格往往是相同或类似的，每次都在"<head>"和"</head>"中插入相同的样式表规则，既增加了工作量又容易出错。CSS允许使用一个统一的外部样式表文件，各个网页都可以调用这个文件，以实现统一风格。

当外部样式表被更改时，引用该样式表的所有页面风格也将随之发生变化，而不需要一个个去修改。

（2）定义语法

```
@charset "utf-8";
.类名  {
font-family: "方正舒体";                    /*（建立的规则）*/
font-size: 36px;
color: #C00;
}
```

（3）外部样式表的引用　实现在当前HTML文档中引用外部样式表CSS文件。

方法一：使用<link>标记链接外部样式表

在文档的头部用以下语句来实现外部样式表的链接：

```
<head>
  <link rel=stylesheet href="样式表名称">
</head>
```

说明：href 指定所引用的外部样式表文件的路径和文件名，应包含路径信息，这里所指的是样式表与网页文档在同一目录下。一个 HTML 文档可以引用多个外部样式表。

方法二：使用@import导入样式表信息

使用"@import"命令也可以把外部样式表引入到页面中。"@import"必须用在"<style>…</style>"标记之间。

实例 3-15　创建一个外部样式表（whysbbt.css），定义一个标题（bt）类，要求是宋体、42 像素、正常加粗显示，颜色为深蓝。

步骤

方法一：

步骤 1　打开 Dreamweaver CS6，单击新建栏目下的"CSS"按钮。

步骤 2　输入以下代码：

```
.bt {
font-family: "宋体";
font-size: 42px;
font-style: normal;
font-weight: bold;
color: #009;
}
```

步骤 3　依次单击"文件"→"保存"，选择保存的位置，输入文件名 whysbbt.css，最后单击"确定"按钮。

方法二：

步骤 1 打开 Dreamweaver CS6，新建 HTML 文档。

步骤 2 在"属性"面板中选择"CSS"项，在"目标规则"下拉列表中选择"<新 CSS 规则>"，单击"编辑规则"按钮。

步骤 3 在弹出的"新建 CSS 规则"对话框中输入选择器名称"bt"（系统会自动在前面加上点"."），在规则定义部分选择"（新建样式表文件）"，如图 3-23 所示，单击"确定"按钮。

步骤 4 在弹出的"保存"对话框中选择当前外部样式表要存放的位置，并输入文件名"whysbbt.css"。

步骤 5 在弹出的".bt 的 CSS 规则定义（在 whysbbt.css 中）"对话框中进行相关设置，如图 3-24 所示，最后单击"确定"按钮。

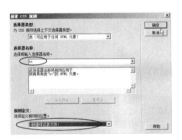 

图 3-23　外部样式表新建示意图　　图 3-24　".bt 的 CSS 规则定义（在 whysbbt.css 中）"对话框

实例 3-16 对在实例 3-14 中建立的 sl3-14.html 中的标题进行设置，设置好的网页命名为 sl3-15.html。

步骤

步骤 1 打开网页 sl3-14.html，另存为 sl3-15.html。

步骤 2 依次单击"格式"→"CSS 样式"→"附加样式表"，在弹出的"链接外部样式表"对话框中通过"浏览"按钮选择实例 3-15 中建立的 whysbbt.css，如图 3-25 所示，单击"确定"按钮。

步骤 3 在当前网页代码中选择标题所在的标记，在"<p"后输入"class="bt""。

步骤 4 预览当前网页，如图 3-26 所示。

图 3-25　"链接外部样式表"对话框　　图 3-26　使用外部样式表效果图

说明：1）本例中是通过<link>标记来实现外部样式表文件的链接的。

2）当前网页源代码如下，其中加粗部分为引用外部样式表代码，加粗且带下划线部分为在指定标记中应用外部样式表中类的代码。

```
<head>
<meta http-equiv="Content-Type" content="text/html; charset=utf-8" />
<title>无标题文档</title>
<style type="text/css">
.qrysb {      font-family: "楷体";font-size: 36px;color: #00F;}
</style>
<link href="whysbbt.css" rel="stylesheet" type="text/css" />
</head>
<body>
<p class="bt">《三字经》全文解释</p>
 <p>   人之初，性本善。性相近，习相远。    </p>
 <p >【启示】人生下来原本都是一样，但从小不好好教育，善良的本性就会变坏。所以，人从小就要好好学习，区分善恶，才能成为一个对社会有用的人才。    </p>
 <p class="qrysb">【译文】人生下来的时候都是好的，只是由于成长过程中，后天的学习环境不一样，性情也就有了好与坏的差别。</p>
</body>
```

任务三 网页设计常规设置

子任务 1 设置页面属性

在 Dreamweaver CS6 的页面属性设置中提供了"外观（CSS）""外观（HTML）""链接（CSS）""标题（CSS）""标题和编码"和"跟踪图像"设置功能，用户可以根据需要进行相关设置。进入页面属性的方法有：①单击设计视图窗口下方的"页面属性"按钮；②依次单击"修改"→"页面属性"菜单命令。

实例 3-17 创建网页文件 sl3_16.html，应用页面属性的"外观（CSS）"进行设置，页显示如图 3-27 所示。

图 3-27 实例 3-17 网页示意图

步骤

步骤 1   打开 Dreamweaver CS6，新建 HTML 文档。

步骤 2   在设计视图输入文字。

步骤 3   打开"页面属性"对话框，在"分类"中选择"外观（CSS）"进行相关设置，如图 3-28 所示，单击"确定"按钮。

步骤 4　依次单击"文件"→"保存"，将当前网页文件保存为 sl3_16.html。

步骤 5　依次单击"文件"→"在浏览器中预览"或单击工具栏上的"在浏览器中预览/调试"按钮，选择任意一种浏览器进行预览。

HTML 文档代码如下，其中加粗部分是按图 3-28 所示设置后系统所对应的 CSS 代码。

图 3-28　实例 3-17 页面属性设置示意图

```
<head>
<meta http-equiv="Content-Type" content="text/html; charset=utf-8" />
<title>无标题文档</title>
<style type="text/css">
body,td,th {
 font-family: "华文行楷";
 font-size: 24px;
 color: #00C;
}
body {
 background-image: url();
 background-color: #9CF;
 margin-left: 50px;
 margin-top: 50px;
 margin-right: 50px;
 margin-bottom: 50px;}
</style>
</head>
<body>
    <p>《三字经》<br />   <br />
     人之初，性本善。 性相近，习相远。</p>
    <p>苟不教，性乃迁。教之道，贵以专。</p>
    <p>昔孟母，择邻处。子不学，断机杼。</p>
    <p>窦燕山，有义方。教五子，名俱扬。</p>
    <p>养不教，父之过。教不严，师之惰。</p>
    <p>子不学，非所宜。幼不学，老何为。</p>
    <p>玉不琢，不成器。人不学，不知义。</p>
    </p>
</body>
```

实例 3-18　创建网页文件 sl3_17.html，应用页面属性的"外观（HTML）"进行设置，网页显示如图 3-29 所示。

步骤

步骤1 打开 Dreamweaver CS6，新建 HTML 文档。

步骤2 在设计视图输入文字。

步骤3 打开"页面属性"对话框，在"分类"中选择"外观（HTML）"进行设置，如图3-30所示，单击"确定"按钮。

图 3-29 实例 3-18 网页示意图

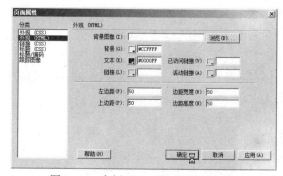

图 3-30 实例 3-18 页面属性示意图

步骤4 依次单击"文件"→"保存"，将当前网页文件保存为 sl3_17.html。

步骤5 依次单击"文件"→"在浏览器中预览"或单击工具栏上的"在浏览器中预览/调试"按钮，选择任意一种浏览器进行预览。

HTML 文档代码如下，其中加粗部分是按图3-30所示设置后系统所对应的 HTML 代码。

```
<head>
<meta http-equiv="Content-Type" content="text/html; charset=utf-8" />
<title>无标题文档</title>
</head>
<body bgcolor="#CCFFFF" text="#0000FF" leftmargin="50" topmargin="50" marginwidth="50"
marginheight="50"><p>《三字经》</p>
<p>人之初，性本善。性相近，习相远。</p>
<p>苟不教，性乃迁。教之道，贵以专。</p>
<p>昔孟母，择邻处。子不学，断机杼。</p>
<p>窦燕山，有义方。教五子，名俱扬。</p>
<p>养不教，父之过。教不严，师之惰。</p>
<p>子不学，非所宜。幼不学，老何为。</p>
<p>玉不琢，不成器。人不学，不知义。</p>
</p>
</body>
```

子任务2 设置文件头属性

网页中包含一些描述页面中所包含信息的元素，在搜索浏览器时可以使用这些信息。通过设置头文件（head）的属性来控制标识页面的方式。

1. 查看和编辑文件头内容

可以使用"查看"菜单、"文档"窗口的"代码"视图或代码检查器查看文档的 head 部分中的元素。

（1）查看文档的文件头部分中的元素　依次单击"查看"→"文件头内容"菜单命令进行查看。对于head内容的每一个元素，"设计"视图中的"文档"窗口顶部都有一个标记。

注意

如果"文档"窗口设置为仅显示"代码"视图，则"查看"→"文件头内容"将变灰且无法使用。

（2）将元素插入文档的文件头部分　依次单击【插入】→【HTML】→【文件头标签】子菜单，选择要插入的元素，在出现的对话框或属性检查器中输入元素的选项。

（3）编辑文档的文件头部分中的元素　依次单击"视图"→"文件头内容"，选择head部分中的图标之一，在属性检查器中设置或修改该元素的属性值。

2. 设置页面的 meta 属性

meta 标记是记录当前页面的相关信息（如字符编码、作者、版权信息或关键字）的 head 元素。这个标记也可以用来向服务器提供信息，如页面的失效日期、刷新间隔和 POWDER 等级。（POWDER 是 Web 描述资源协议，它提供了为网页指定等级的方法，如电影等级。）

（1）添加meta标记　依次单击"插入"→"HTML"→"文件头标签"→"Meta"，在出现的对话框中指定属性值。

（2）编辑现有meta标记　依次选择"视图"→"文件头内容"，选择显示在"文档"窗口顶部的meta标记，在属性检查器中指定属性。

（3）meta标记属性　按如下方式设置meta标记属性。

1）属性：指定 meta 标记是否包含有关页面的描述性信息（name）或 HTTP 标题信息（http-equiv）。

2）值：指定要在此标记中提供的信息的类型。有些值（如 description、keywords 和 refresh）是已经定义好的，而且在 Dreamweaver 中有它们各自的属性检查器，然而，用户也可以根据实际情况指定任何值，如 creationdate、documentID 或 level 等。

3）内容：指定实际的信息。例如，如果为"值"指定了等级，则可以为"内容"指定 beginner、intermediate 或 advanced。

3. 设置页面标题

只有一个标题属性：页面的标题。标题会出现在 Dreamweaver 的"文档"窗口的标题栏中；在大多数浏览器中查看页面时，标题还会出现在浏览器的标题栏中。标题还出现在"文档"窗口工具栏中。

在文档窗口中指定标题有以下两种方法。

方法一：在"文档"窗口工具栏的"标题"文本框中输入标题。

方法二：在内容中指定标题。

依次单击"视图"→"文件头内容"，选择显示在"文档"窗口顶部的"标题"标记，在属性检查器中指定页面标题。

4. 指定页面的关键字

许多搜索引擎装置（自动浏览网页为搜索引擎收集信息以编入索引的程序）读取关键字 meta 标记的内容，并使用该信息在它们的数据库中将用户的页面编入索引。因为有些搜索引擎对索引的关键字或字符的数目进行了限制，或者在超过限制的数目时它将忽略所有关键字，所以最好只使用几个精心选择的关键字。

（1）添加关键字meta标记　依次选择"插入"→"HTML"→"文件头标签"→"关键字"，在显示的对话框中指定关键字，以逗号隔开。

（2）编辑关键字meta标记　依次选择"视图"→"文件头内容"，选择显示在"文档"窗口顶部的"关键字"标记，在属性检查器中查看、修改或删除关键字，还可以添加以逗号隔开的关键字。

5. 指定页面说明

许多搜索引擎装置读取说明 meta 标记的内容，有些使用该信息在它们的数据库中将用户的页面编入索引，而有些还在搜索结果页面中显示该信息（而不只是显示文档的前几行）。某些搜索引擎限制其编制索引的字符数，因此最好将说明限制为几个字。

（1）添加说明meta标记　依次单击"插入"→"HTML"→"文件头标签"→"说明"，在显示的对话框中输入说明性文本。

（2）编辑说明meta标记　依次选择"视图"→"文件头内容"，选择显示在"文档"窗口顶部的"描述"标记，在属性检查器中查看、修改或删除描述性文本。

6. 设置页面的刷新属性

使用刷新元素可以指定浏览器在一定的时间后应该自动刷新页面，方法是重新加载当前页面或转到不同的页面。该元素通常用于在显示了说明 URL 已改变的文本消息后，将用户从一个 URL 重定向到另一个 URL。

（1）添加刷新meta标记　依次单击"插入"→"HTML"→"文件头标签"→"刷新"，在显示的对话框中设置刷新meta标记属性。

（2）编辑刷新meta标记　依次选择"视图"→"文件头内容"，选择显示在"文档"窗口顶部的"刷新"标记。在属性检查器中设置刷新meta标记属性。

（3）指定刷新meta标记属性方法

1）延迟：在浏览器刷新页面之前需要等待的时间（以秒为单位）。若要使浏览器在完成加载后立即刷新页面，可在该文本框中输入 0。

2）URL 或动作：指定在经过了指定的延迟时间后，浏览器是转到另一个 URL 还是刷新当前页面。若要打开另一个 URL 而不是刷新当前页面，可单击"浏览"按钮，然后浏览要加载的页面并选择它。

7. 设置页面的基础 URL 属性

使用 base 元素可以设置页面中所有文档相对路径相对的基础 URL。

（1）添加基础meta标记　依次单击"插入"→"HTML"→"文件头标签"→"基础"，在显示的对话框中指定基础meta标记属性。

（2）编辑基础meta标记　依次选择"视图"→"文件头内容"，选择显示在"文档"窗口顶部的"基础"标记。在属性检查器中指定基础meta标记属性。

（3）指定基础meta标记属性　按如下方式指定基础meta标记属性。

1）href：基础 URL。单击"浏览"按钮浏览某个文件并选择它，或在相应文本框中输入路径。

2）目标：指定应该在其中打开所有链接的文档的框架或窗口。在当前的框架集中选择一个框架，或选择下列保留名称之一。

➢ _blank：将链接的文档载入一个新的、未命名的浏览器窗口。

➢ _parent：将链接的文档载入包含该链接的框架的父框架集或窗口。如果包含链接的框架没有嵌套，则相当于_top；链接的文档载入整个浏览器窗口。

➢ _self：将链接的文档载入链接所在的同一框架或窗口。此目标是默认的，通常不需要指定它。

➢ _top：将链接的文档载入整个浏览器窗口，从而删除所有框架。

8. 设置页面的链接属性

使用 link 标记可以定义当前文档与其他文件之间的关系。

注意

head 部分中的 link 标记与 body 部分中的文档之间的 HTML 链接是不一样的。

（1）添加链接meta标记　依次单击"插入"→"HTML"→"文件头标签"→"链接"，在显示的对话框中指定链接meta标记属性。

（2）编辑链接meta标记　依次选择"查看"→"文件头内容"，选择显示在"文档"窗口顶部的"链接"标记。在属性检查器中指定链接meta标记属性。

（3）指定链接meta标记属性　按如下方式设置链接meta标记属性。

1）href：用户正在为其定义关系的文件的 URL。单击"浏览"按钮浏览某个文件并选择它，或在相应文本框中输入路径。注意，该属性并不表示通常意义上的 HTML 的链接文件；链接元素中指定的关系更复杂。

2）ID：为链接指定一个唯一标识符。

3）标题：描述的是关系。此属性与链接的样式表有特别的关系；有关更多信息，可参见 WWW 联合会网站上的 HTML 4.0 规范的"外部样式表"部分，网址为：www.w3.org/TR/REC-html40/present/styles.html#style-external。

4）rel：指定当前文档与 href 框中的文档之间的关系。可能的值包括 alternate、stylesheet、start、next、prev、contents、index、glossary、copyright、chapter、section、subsection、appendix、help 和 bookmark。若要指定多个关系，可用空格将各个值隔开。

rev：指定当前文档与 href 框中的文档之间的反向关系（与 rel 相对）。其可能值与 rel 的可能值相同。

学 材 小 结

 知识导读

本模块主要介绍了 HTML、CSS 和网页设计的基本操作，重点和难点内容是 HTML 的语法结构、标记与属性的应用以及 CSS 样式表的语法、分类及应用。

 理论知识

1）什么是 HTML？HTML 文档的基本结构是什么？

2）使用 HTML 标志时有几种改变文字大小的手段？

3）什么是 CSS？它有几种类型？

4）通过页面属性可以设置哪些内容？

5）文件头（head）包含哪些属性？

 实训任务

本模块实训全部使用 Windows 记事本完成。

实训一

【实训目的】

学习用 HTML 设计一个简单的网页。

【实训步骤】

1）打开记事本。

2）输入网页的基本结构。

3）输入标题为"***的个人网页"（title）。

4）输入不少于 200 字的主体内容（body）。

5）在硬盘中创建一个目录，目录名为自己的姓名，将网页保存为 SX31.html。注意文件的类型。

6）使用 IE 浏览所保存的 SX31.html。

实训二

【实训目的】

学习网页中有关文字的段落及排版设置。

【实训步骤】

1）打开实训一建立的"SX31.html"。

2）将主体内容（body）分成三段，再在第一段前加一个标题"段落设置"，并将该标题设为居中显示。

3）将网页保存为 SX32.html。

4）使用 IE 浏览所保存的 SX32.html。

实训三

【实训目的】

在网页中插入图片。

【实训步骤】

1）打开实训二建立的"SX32.html"。

2）在主体内容中添加一张图片（图片文件存储在以自己姓名命名的文件夹下的 image 子文件夹中）。

3）设置图片格式。

4）将网页保存为 SX33.html。

5）使用 IE 浏览所保存的 SX33.html。

实训四

【实训目的】

在网页中插入列表项。

【实训步骤】

1）打开实训三建立的"SX33.html"。

2）在主体内容中再输入列表项，内容自定。

3）将网页保存为 SX34.html。

4）使用 IE 浏览所保存的 SX34.html。

实训五

【实训目的】

在网页中插入表格。

【实训步骤】

1）打开记事本。

2）输入网页框架结构。

3）在主体部分插入一个用来表示课程表的表格。

4）将网页保存为 SX35.html。

5）使用 IE 浏览所保存的 SX35.html。

实训六

【实训目的】

在网页中插入表格。

【实训步骤】

1）打开记事本。

2）输入网页框架结构。

3）在主体部分输入 5 段文字，分别用来表示实训一～实训五，并设置超链接至 SX31.html～SX35.html。

4）将网页保存为 SX36.html。

5）使用 IE 浏览所保存的 SX36.html。

实训七

【实训目的】

学习 CSS 样式应用。

【实训步骤】

1）打开 Dreamweaver CS6，创建新网页。

2）在设计视图输入实例 3-11 中的文字。

3）在代码视图输入实例 3-11 中的 CSS 代码。

4）将网页保存为 SX37.html。

5）使用 IE 浏览所保存的 SX37.html。

实训八

【实训目的】

学习 CSS 样式应用。

【实训步骤】

1）完成实例 3-13。

2）完成实例 3-14。

3）完成实例 3-15。

4）完成实例 3-16。

5）完成实例 3-17。

模块四

插入网页元素及超链接

本模块导读

　　网页是构成网站的基本元素，而文字、图片、多媒体和超链接等又是网页基本的元素。这些基本元素的使用不但是制作网页基本的要求，同时也是创建一个美观、形象和生动网页的基础。通过本模块的学习，用户可以掌握添加和编辑网页中各种元素的方法，以制作出丰富多彩的网页。

本模块要点

- 设置网页的页面属性
- 制作纯文本网页
- 制作图文混排的网页
- 图片在网页中的各种应用方式
- 制作带多媒体效果的动感网页
- 制作带音乐的网页
- 制作带超链接的网页

任务一　设置页面的相关属性

知识导读

　　网页属性包括网页标题、网页中文本的颜色、网页的背景颜色及背景图片、网页边距等。设置网页属性通过设置"页面属性"对话框完成，另外系统还自带了许多种网页样式，用户也可以直接应用这些样式。

　　设置页面属性的具体操作步骤如下。

步骤

　　步骤1　打开网页。

　　步骤2　依次执行"修改"→"页面属性"命令，打开如图4-1所示的"页面属性"对话框。在"页面属性"对话框中，左侧显示"分类"列表框，其中包括"外观""链接""标题""标题/编码""跟踪图像"5个项目，右侧区域则显示各分类中可以设置的项目，下面将分别对每个类别进行介绍。

　　步骤3　选择"分类"列表中的"外观（CSS）"，右侧出现相关设置选项。

图4-1　"页面属性"对话框

信息卡

　　1)"页面字体"：设置页面文档中默认的文字字体。**B**按钮，加粗设置，可以将页面文字的默认格式设置为粗体。*I*按钮，倾斜设置，可以将页面文字的默认格式设置为斜体。

　　2)"大小"：设置页面中文字的默认大小。在右边的列表中选择数字或一些标准来表示文字的大小，也可手动输入数字，输入数字后，后面的文字大小、单位列表就会变成可编辑状态。表示数字的单位，可以选择"像素""点数""英寸""厘米""毫米"等。

　　3)"文本颜色"：设置页面中文字的默认颜色。单击颜色块后，会调出颜色面板，可以从颜色面板中选择一种所需要的颜色，或者在后面的文本框中输入所需要的十六进制颜色值。

　　4)"背景颜色"：设置当前网页的背景颜色，设置方法同文字颜色的设置方法，调出颜色面板，选择一种颜色，确定后该颜色就会成为整个网页的背景颜色。

　　5)"背景图像"：设置当前网页的背景图像。可以在文本框中输入作为背景图像的路径和文件名称，也可单击文本框后面的"浏览"按钮，从系统中寻找图像文件作为当前网页的背景图像。

　　6)"重复"：选择页面背景的多种重复模式。有4种页面背景重复模式可供选择：重复、不重复、水平重复、垂直重复。

7）"左边距""右边距""上边距""下边距"：分别设置当前网页中左、右、上、下边界留出的空白像素数。

步骤 4 选择"分类"列表中的"链接（CSS）"选项，如图 4-2 所示。

信息卡

1）"链接字体"：设置链接文字的默认字体，设置方法与页面字体的设置方法相同。

2）"大小"：设置链接文字的大小，与页面文字的大小设置方法完全相同。

3）"链接颜色""交换图像链接""已访问链接""活动链接"：设置链接 4 种不同状态的颜色。这 4 种状态分别是：正常状态、鼠标滑过状态、访问过的状态、鼠标单击时的状态。

4）"下划线样式"：设置链接文字下面的下划线样式。系统提供了 4 种样式，分别是"始终有下划线""始终无下划线""仅在变换图像时显示下划线""变换图像时隐藏下划线"。

步骤 5 选择"分类"列表中的"标题（CSS）"选项，如图 4-3 所示。

图 4-2 "链接（CSS）"选项

图 4-3 "标题（CSS）"选项

"标题（CSS）"选项可以定义应用在具体文档中各级不同标题上的一种"标题字体样式"，而不是指页面的标题内容。可以定义"标题字体"及 6 种预定义的标题字体样式，包括粗体、斜体、大小和颜色等。操作步骤同前面类似，在此不再叙述。

步骤 6 在"分类"列表中选择"标题/编码"选项，如图 4-4 所示。

这里的"标题"是页面的标题内容，可输入和首页相关的文字内容，它将显示在浏览器的标题栏中。"编码"即文档编码，可以直接选中"简体中文（GB2312）"。

步骤 7 在"分类"列表中选择"跟踪图像"选项，如图 4-5 所示。

"跟踪图像"是用于网页中元素定位的图像，该图像只是在编辑网页时提供参照，起到辅助编辑的作用，最终不会显示在浏览器中，因此，并不能等同于背景图像。

图 4-4 "标题/编码"选项

图 4-5 "跟踪图像"选项

信息卡

选择跟踪图像时，可以单击后面的"浏览"按钮，从系统中寻找图像文件作为跟踪图像。

还可以设置跟踪图像的透明度，滚动条最左端是透明，最右端是不透明，可以用鼠标拖动滑块来进行调整。

任务二 创建基本文本网页

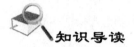
知识导读

文字是网页中最基本的信息载体之一，大多数的网页都要通过文字来表现其内容，合理的文本编辑可以丰富网页的内容并增强网页的视觉性。

子任务 1 编辑文本格式

网页中插入文本，一般通过以下两种方式来进行：一种是在网页编辑窗口中直接用键盘输入文本，这是文字输入最基本的方式；另一种是通过复制文本的方式，如果所需要插入的文本在其他的文档中或是网站的页面中，可以直接使用复制功能，将大段的文本内容复制到网页的编辑窗口来进行排版的工作。

现以第一种方式插入文本，制作纯文本网页。

步骤

步骤 1 运行 Dreamweaver CS6，在"开始页"中选择"新建"下的"HTML"，新建一个网页文档。

步骤 2 在文档窗口中单击，出现闪烁光标。选择合适的输入法，在光标处输入文字，如图 4-6 所示。

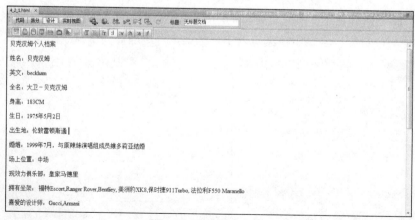

图 4-6 直接输入文字

信息卡

网页中，文本换行按<Shift>+<Enter>组合键，而分段直接按<Enter>键。

换行还可以通过依次单击菜单项"插入"→"HTML"→"特殊字符"→"换行符"来实现。

 注意

网页中，空格的输入也很特别。通常情况下，通过键盘只能输入一个空格。如想在网页编辑窗口中输入多个空格有两种方法：

➢ 依次单击菜单项"插入"→"HTML"→"特殊字符"→"不换行空格"来实现。

➢ 把中文输入法切换到全角模式 ，然后按键盘中的空格键，以此来插入多个空格。

步骤3 使用属性面板对文字属性进行设置。属性面板一般出现在网页编辑窗口的下方，如图4-7所示。如果属性面板没有出现在屏幕上，那么可选择菜单项"窗口"→"属性"使它显示出来。

图4-7 属性面板

选中文字，这里选择"贝克汉姆个人档案"。然后在"字体"下拉列表中选择所需要的字体，如图4-8和图4-9所示。如果"字体"下拉列表中没有所需要的字体，可选择"编辑字体列表"，弹出对话框如图4-10所示，从"可用字体"下拉列表框中选择想要的字体，再单击旁边的图标按钮 ，然后单击"确定"按钮，该字体就加入到属性面板的字体列表中了。

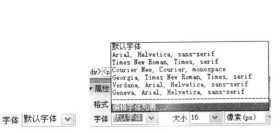

图4-8 字体　　　　图4-9 字体列表　　　　图4-10 "编辑字体列表"对话框

此处把网页中的"贝克汉姆个人档案"文字设为"黑体"字体，以下文字也设置相应字体，如图4-11所示。

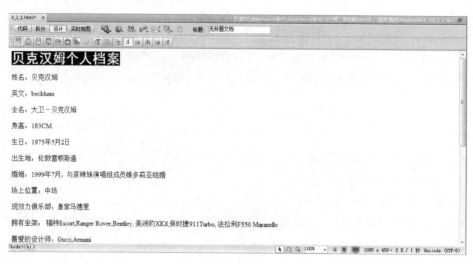

图 4-11　设置字体

注意

> 为了保持网络中显示的兼容性，字体还是推荐"默认字体"。最好不要用不常用字体，以免不能正常显示。

步骤 4　设置文字字号。选择文字后，在"大小"下拉列表中可以选择常用的字号大小。数字越大，文字显示越大；反之则越小。还可以在文本框中输入自己想要的字号。选择字号后，右侧的下拉列表变成可编辑状态，用户可以从中选择字号的单位。"像素（px）"和"点数（pt）"是较为常用的单位，如图 4-12 所示。

接上例，把标题"贝克汉姆个人档案"设为 36 像素，其他文字设为 18 像素，如图 4-13 所示。

图 4-12　字号　　　　　　　　　　　　　　图 4-13　设置字号

步骤 5　设置文字颜色。选择要改变颜色的文本，单击属性面板中的图标按钮 ，会显示颜色面板，如图 4-14 所示，且鼠标变成滴管工具，选择一个色块并单击即可完成文字颜色的修改。

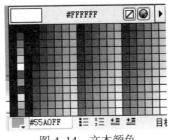

图 4-14　文本颜色

如果用户认为此处的颜色不够丰富，那么可以单击颜色面板右上的图标按钮 ，从弹出的"颜色"调色板中取到更加精确的颜色。单击调色板右上的图标按钮 ，有 5 种可选择的调色板显示方式，分别是"立方色""连续色调""Windows 系统""Mac 系统""灰度等级"，用户可以自行选择。单击图标按钮 会取消提取的任何颜色。在 后面的文本框中也可以直接输入颜色的十六进制代码来进行颜色的选取。

步骤 6　设置文字粗体、斜体的图标为 **B** *I*（用法同 Word）。对上例中的文本进行字体、字号、颜色及粗体设置，如图 4-15 所示。

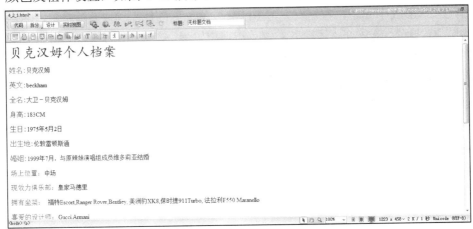

图 4-15　文本设置效果图

步骤 7　依次执行"文件"→"保存"命令，将文件保存。

子任务 2　编辑段落格式

本例通过对段落格式的设置继续完成上例中纯文本网页的制作。编辑段落格式的步骤如下（本例保存在配套素材中的"module04\4_2"文件夹中）。

步骤

步骤 1　设置文字对齐方式。在属性面板中可以设置 4 种文本段落的对齐方式，如

图 4-16 所示，从左至右分别为"左对齐""居中对齐""右对齐"和"两端对齐"。设置对齐时将光标放在某一个段落中或选择需要设置的多个段落，单击属性面板中的某一个对齐按钮即可。上例中标题居中，其他左对齐，网页中的效果如图 4-17 所示。

图 4-16　对齐方式

图 4-17　设置对齐方式效果图

步骤 2　加入项目列表和编号。选中文本段落并右键单击该文本，在弹出的快捷菜单中依次选择"列表"→"项目列表"即可加入项目列表；若选择"编号列表"，即可加入编号列表。注意，开始只显示第一段落的编号，需要将鼠标在每段落起始位置单击左键后，才显示随后的编号，项目列表也是同样的方法。网页中的实际效果如图 4-18 所示。

步骤 3　调整文字缩进。在网页中为了区分段落，可以使用属性面板中的"文本凸出"和"文本缩进"操作。选中文本段落并右键单击选中段落，在弹出的快捷菜单中依次选择"列表"→"凸出"，即可使段落文本向左侧凸出一级；依次选择"列表"→"缩进"，即可向右侧缩进一级。文本缩进在网页中的实际使用效果如图 4-19 所示。

图 4-18　设置项目列表及编号效果图

图 4-19　设置文字缩进效果图

步骤 4　依次执行"文件"→"保存"命令，保存文件。

任务三　创建基本图文混排网页

知识导读

一个仅有文本的网页不会引起浏览者的好奇。不难发现，网络上的大多数网页都是由图像和多媒体来点缀整个页面。因为图像和多媒体直观和生动，不受语言、地域等差异限制，使得网页能被更多浏览者关注并接受。合理地使用图像，可以让网页看起来更加美观、赏心悦目，更加充满生命力。

子任务 1　了解网页中常用的图像格式

图像与文本的巧妙结合可以提升网页的美观性，从而吸引更多人的关注。此外，网页文件的大小，也影响着网页被关注的程度。如果网页太大，在浏览的过程中用户会失去等待的耐心，无论网页多么精彩，用户都会放弃它。而网页的大小关键就在于网页中图像的大小。因此，处理图像时要尽可能使其变得更小，使它能够在狭窄的网络带宽中快速传递，但质量又不能太差，要显示它应有的效果。这就要求设计者既要选择合适的图像格式，又要进行相应的调整。

网页中使用的图像可以是 GIF、JPEG、BMP、TIFF、PNG 等格式的图像文件，但目前广泛用于 Web 浏览器的图形格式通常为 GIF、JPEG、PNG 三种格式。

1. GIF 格式

GIF 格式采用无损压缩算法进行图像的压缩处理，可以方便地解决跨平台的兼容问题；不过 GIF 格式图像能显示的颜色有限，最多只能包含 256 种颜色；适合表现色调不连续或具有大面积单一颜色的图像，如导航图片、LOGO（标识）图片等；该格式的优点是图像尺寸小，可包含透明区，且可制成包含多幅画面的简单动画，缺点是图像质量稍差。

2. JPEG 格式

JPEG 格式的压缩方式是有损的，是静态图像数据压缩标准。JPEG 格式使用有损压缩来减小图片文件的大小，因此用户将看到随着文件的减小，图片的质量也降低了；JPEG 格式支持的颜色数几乎没有限制；适合于表现色彩丰富，具有连续色调，对图像品质要求较高的图像，如 Banner（横幅广告）、商品图片或大的复杂的背景图片等；该格式的优点是图像质量高，缺点是文件尺寸稍大（相对于 GIF 格式），且不能包含透明区。

3. PNG 格式

PNG 格式是一种替代 GIF 格式的无专利权限的格式；PNG 格式是近年来新出现的一种图像格式，它适于任何类型、任何颜色深度的图片，包括对索引色、灰度、真彩色图像以及 alpha 通道透明的支持；PNG 格式集 JPEG 和 GIF 格式的优点于一身，既能处理照片式的精美图像，又能包含透明区域，且可以包含图层等信息，是 Firework 的默认图像格式。

子任务 2　插入图像及设置

本例结合任务二中的纯文本网页，利用插入图像工具及图像属性的设置制作"图文混排网页"。下面是插入图像及设置的步骤，所用素材在"module04\4_3"文件夹中。

67

步骤

步骤 1 执行"文件"→"打开"命令，打开 module04\4_3\4_3_1.htm。

步骤 2 将光标放在要插入图像的位置，单击插入栏中的"常用"选项卡，选择其中的"图像"图标按钮，单击该图标按钮右侧下拉列表中的第一项"图像"，如图 4-20 所示。

图 4-20 "常用"选项卡中的"图像"图标按钮

信息卡

上述插入图像过程也可通过执行菜单栏中的"插入"→"图像"命令来实现，在此不进行详述。

步骤 3 单击后弹出"选择图像源文件"对话框，在"查找范围"的下拉列表中选择 images 文件夹中的"picture.jpg"，如图 4-21 所示。

步骤 4 单击"确定"按钮，弹出"图像标签辅助功能属性"对话框，可以输入图像的替换文本，当在浏览器中鼠标指向该图像时，所指定的替换文本会显示出来，这里输入"贝克汉姆"，如图 4-22 所示。

图 4-21 "选择图像源文件"对话框

图 4-22 设置替换文本

步骤 5 单击"确定"按钮，将图像插入到网页中。

步骤 6 插入图像后，通过"属性"面板进行设置。在编辑窗口中选中该图像，展开"属性"面板，如图 4-23 所示。

图 4-23 图像"属性"面板

图像"属性"面板的参数如下。

1）图像：右侧数字代表所选图像大小，下方的文本框可输入所选图像名称，以便于在使用行为和脚本语言时引用该图像。

2）"宽"和"高"：设置页面中选中图像的宽度和高度。默认情况下，单位为"像素"。

3）"源文件"：指定图像的源文件。在该文本框中可以输入图像的源文件位置，也可以单击后面的文件夹图标按钮，直接选择图像文件的路径和文件名。

4）"链接"：在该文本框中可以输入图像的链接地址，也可以单击后面的文件夹图标按钮，直接选择网站中的文件。

5）"替换"：在该文本框中可以输入图像的说明文字。

6）"类"：在该下拉列表中可以选择应用已经定义好的 CSS 样式。

7）"编辑"：右侧提供的一系列按钮，可用于对图像进行编辑。

➢ ✎：使用外部编辑软件进行图像的编辑操作。

➢ ⊠：用于修剪图像大小，拖动裁切区域的角点至合适的位置，按<Enter>键即可完成操作，它可以切割图像区域并替换原有图像。

➢ ▣：重新取样图标按钮，图像经过编辑后，单击该图标按钮可以重新读取图片文件的信息。

➢ ◐：设置图像亮度和对比度。单击该图标按钮后，通过对话框中滑块的拖动可以调整图像的亮度和对比度。

➢ ▲：调整图像的清晰度，从而提高边缘的对比度，使图像更清晰。

8）"地图"：可以创建图像热点区域，同时下方提供了 3 种创建热点区域的工具。

9）"垂直边距"和"水平边距"：设置图像在垂直方向和水平方向上的空白间距，如图 4-24 所示，水平间距和垂直间距分别是 0 和 0；如图 4-25 所示，水平间距和垂直间距分别是 50 和 50。

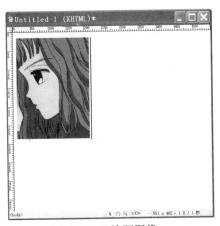 

图 4-24　0 边距图像　　　　　图 4-25　垂直、水平间距都是 50 的图像

10）"目标"：设置链接文件显示的目标位置。

11）"低解析度源"：指定在主图像被载入之前载入的低分辨率图像来源。一般采用黑白两幅图像作为要载入图像的缩略图。

12）当右键单击目标图像时，可选"对齐"项，它表示设置的是一行中图像和文本的对齐方式。

➢ "默认值"：取决于浏览器，通常指定为基线对齐。

➢ "基线"：将文本的基准线与选定图形底部对齐。

> ➢ "顶端"：将图像顶端与当前行中最高项的顶端对齐。
> ➢ "居中"：将图像的中部与当前行的基线对齐。
> ➢ "底部"：将文本底端与选定图像的底端对齐。
> ➢ "文本上方"：将图像的顶端与文本行中最高字符顶端对齐。
> ➢ "绝对居中"：将图像的中部与当前行中文本的中部对齐。
> ➢ "绝对底部"：将图像的底部与文本行的底部对齐。
> ➢ "左对齐"：将图像放置在左边，文本在图像的右侧换行。
> ➢ "右对齐"：将图像放置在右边，文本在图像的左侧换行。

步骤7　在"module04\4_3\4_3_1.htm"中设置图像属性，调整图像大小，设置图像对齐方式为"右对齐"。保存并按<F12>键在浏览器中预览，结果如图 4-26 所示。

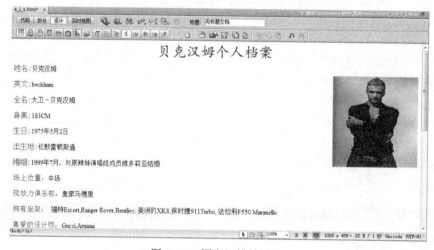

图 4-26　图文混排效果图

更改图像大小可以通过修改"属性"面板的"宽""高"来改变，也可以直接用鼠标拖动备选图像的控制点。拖动图像右侧控制点，可以调整图像宽度；拖动图像上边控制点，可以调整图形高度；拖动图像右下角控制点可以实现图像的等比例缩放。

任务四　图像在网页中的应用

知识导读

在网页中，图像不仅可以作为单独的页面元素来美化页面效果，还可以将图像设置为背景图像、跟踪图像、鼠标经过图像、导航条等。下面具体讲述图像在网页中的几种应用方式。

子任务 1   设置网页背景图像

将图像设置为网页的背景，可以实现在图像上添加文本、图像、表格等其他对象的效果。设置网页背景图像步骤如下（本任务中所用素材在配套光盘的"module04\4_4"文件夹中）。

步骤

步骤 1   执行"文件"→"打开"命令，打开"module04\4_4\4_4_1.htm"网页文件。

步骤 2   在"属性"面板中单击"页面属性"按钮，弹出"页面属性"对话框，在左侧"分类"列表中选择"外观（CSS）"，如图 4-27 所示，然后单击"背景图像"后面的"浏览"按钮。

步骤 3   弹出"选择图像源文件"对话框，选择网页图像文件夹"images"中的文件"bg3.jpg"，如图 4-28 所示。

图 4-27   "页面属性"对话框

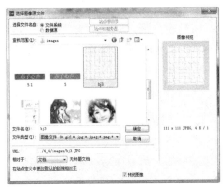

图 4-28   选择背景图像文件

步骤 4   返回"页面属性"对话框，在选项"重复"的下拉列表中选择"重复"，单击"确定"按钮，完成设置。

步骤 5   另存文件为 4_4_2.htm，按<F12>键预览，网页背景图像在浏览器中显示，如图 4-29 所示。

图 4-29   浏览器中带背景图像的网页

信息卡

"重复"下拉列表中有"不重复""重复""横向重复""纵向重复"4种选择。图4-30为背景图像选择"hua1.gif""横向重复"后所得网页；图4-31为背景图像选择"hua2.gif""纵向重复"后所得网页。

图 4-30 横向重复背景图像的网页

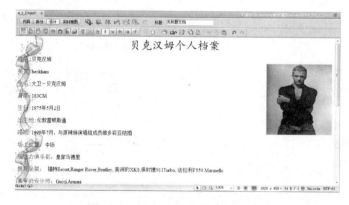

图 4-31 纵向重复背景图像的网页

子任务 2 制作跟踪图像

跟踪图像是用于辅助完成网页布局的，通常会将网页的平面效果图作为跟踪图像。跟踪图像在浏览器中并不显示，只是网页制作的参照物。

步骤

步骤1 执行"文件"→"新建"命令，新建一个空白文档。

步骤2 执行"查看"→"跟踪图像"→"载入"命令。

步骤3 弹出"选择图像源文件"对话框，选择 images 文件夹下的 genzong.jpg 文件，如图 4-32 所示，然后单击"确定"按钮。

步骤4 弹出"页面属性"对话框，拖动"透明度"的滑块到"50%"，如图 4-33 所示。

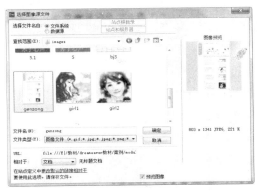

图 4-32 "选择图像源文件"对话框

图 4-33 设置跟踪图像透明度

 注意

可根据图像本身颜色来自行设置跟踪图像透明度,通常将跟踪图像透明度设置为"50%"以下,以防影响网页设计时的效果。

步骤 5 单击"确定"按钮,完成设置,页面效果如图 4-34 所示。

图 4-34 跟踪图像页面效果

步骤 6 执行"文件"→"保存"命令,将网页保存为 4_4_3.htm。按<F12>键预览,可以发现浏览器中并没有显示设置的跟踪图像。

步骤 7 设置跟踪图像的位置。执行"查看"→"跟踪图像"→"调整位置"命令,弹出"调整跟踪图像位置"对话框,设置"X"和"Y"的值均为"0",单击"确定"按钮设置完成,如图 4-35 所示。

图 4-35 "调整跟踪图像位置"对话框

步骤 8 设置跟踪图像在编辑网页时是否显示。执行"查看"→"跟踪图像"→"显示"命令,"显示"菜单前有"√"说明可在编辑网页时显示,否则不显示。通常都将其设置为显示,以便起到参照的效果。

子任务 3　制作鼠标经过图像

网页中经常可以看到这种效果：当鼠标滑过页面中某一图像时，该图像就会变成另一幅图像，当鼠标离开后，又恢复成原来的图像。这种图像通常称为"鼠标经过图像"。

鼠标经过图像实际上由两个图像组成：一个是"主图像"，就是首次载入页面时显示的图像；另一个是"次图像"，就是当鼠标指针移过主图像时显示的图像。

注意

"鼠标经过图像"中的这两个图像应该大小相等。如果这两个图像的大小不同，系统会自动调整第二幅图像，使其与第一幅图像相匹配。

本节通过一个具体的制作过程来介绍"鼠标经过图像"的相关操作。

步骤

步骤 1　执行"文件"→"新建"命令，新建网页文件。

步骤 2　选择菜单项"插入"→"图像对象"→"鼠标经过图像"命令。

步骤 3　弹出"插入鼠标经过图像"对话框，单击"原始图像"后面的"浏览"按钮，选择 images 文件夹中的"girle1.jpg"；再单击"鼠标经过图像"后面的"浏览"按钮，选择 images 文件夹中的"girle2.jpg"，设置"替换文本"为"卡通美女"，如图 4-36 所示。

步骤 4　单击"确定"按钮，完成设置。

图 4-36　"插入鼠标经过图像"对话框

步骤 5　保存网页文件为 4_4_4.htm，按<F12>键预览网页，将鼠标移动到"鼠标经过图像"，图像就发生变化，如图 4-37 所示。鼠标离开，图像恢复到原来状态，如图 4-38 所示。

图 4-37　鼠标经过图像

图 4-38　鼠标离开图像

信息卡

1）"图像名称"：为鼠标经过图像命名。本例中默认名称为 Image1。

2）"原始图像"：页面打开时显示的图像，也就是"主图像"。

3）"鼠标经过图像"：鼠标经过时显示的图像，也就是"次图像"。

4）"预载鼠标经过图像"：即使鼠标还未经过"鼠标经过图像"，浏览器也会预先载入"次图像"到本地缓存中。这样当鼠标经过"鼠标经过图像"时，"次图像"会立即显示在浏览器中，而不会出现停顿的现象，这样就加快了网页浏览的速度。

5）"替换文本"："鼠标经过图像"的说明文字，当鼠标经过当前图像时，在旁边显示的提示文字。

6）"按下时，前往的 URL"：单击图像时跳转到的链接地址。

信息卡

"鼠标经过图像"的功能通常应用在链接的按钮上，根据按钮的样子的变化，来使页面看起来更加生动，并且提示浏览者单击该按钮可以链接到另一个网页。

子任务 4 图像作为导航条

导航条一般位于页面上方或左方，其作用相当于一本书的目录，利用导航条可以方便浏览者对页面内容进行查看。导航条可以是纯文本的，也可以将图片制作成导航条，这样使页面效果更加美观、生动。

步骤

步骤 1 依次执行"文件"→"新建"命令，新建一个空白文档。

步骤 2 将光标置于文档窗口中，选择菜单项"插入记录"→"图像对象"→"导航条"命令，或选择如图 4-20 所示的插入面板中的"导航条"命令。弹出"插入导航条"对话框，如图 4-39 所示。

图 4-39 "插入导航条"对话框

信息卡

"插入导航条"对话框参数如下。

➤ ⊞图标按钮和━图标按钮：添加新的导航条元件和删除选中的导航条元件。

➤ "导航条元件"：显示添加的所有导航条元件及其排列顺序。

➤ "项目名称"：为新添加的元件标记名称。

➤ "状态图像"：导航条中该项显示的原始图像。

➤ "鼠标经过图像"：用户鼠标经过时该项显示的图像。

➤ "按下图像"：用户按下鼠标时该项显示的图像。

➤ "按下时鼠标经过图像"：用户单击过后，当鼠标再次滑过该区域时显示的图像。

➤ "替换文本"：项目的描述性文字。当鼠标滑过图像时显示该文本。

➤ "按下时，前往的URL"：显示单击该导航条元件要链接的地址。

➤ "预先载入图像"：加载网页时预先下载所用的图像。

➤ "页面载入时就显示'鼠标按下图像'"：可在显示页面时以"按下图像"显示所选项目，而不是默认的原始图像。

> "插入"：选择导航条的排列形式是水平排列还是垂直排列。

> "使用表格"：是否将导航条设置为表格形式排列。

步骤 3 单击"状态图像"后的"浏览"按钮，选择本章节素材中的 images 文件夹里的 2.1.jpg 文件。

步骤 4 单击"鼠标经过图像"后的"浏览"按钮，选择本章节素材中的 images 文件夹里的 2.jpg 文件。

步骤 5 在"替换文本"文本框中输入"与您相约"。

步骤 6 单击图标按钮 ⊞，继续添加其他导航条元件。具体步骤与添加的第一个元件类似，这里不再赘述。

步骤 7 执行"预先载入图像"命令。

步骤 8 在"插入"下拉列表中选择"水平"。

步骤 9 选择"使用表格"，对话框设置如图 4-40 所示。

步骤 10 单击"确定"按钮，设置完成。

步骤 11 保存文件（本例保存为本章节文件夹下的"daohang.html"文件名），按<F12>键，在浏览器中浏览，效果如图 4-41 所示。

图 4-40 设置"插入导航条"图

图 4-41 设置"导航条"的网页

 注意

一个网页只能包含一个导航条，如需修改导航条，可执行"修改"→"导航条"命令。

任务五 插入多媒体内容

 知识导读

多媒体技术是当今 Internet 持续流行的一个重要动力。因此，对网页设计也提出了更高的要求。在 Dreamweaver CS6 中，可以快速、方便地为网页添加声音、影片等多媒体内容，使网页更加生动，还可以插入和编辑多媒体文件和对象，如 Flash 动画、Java Applets、ActiveX 控件等。

子任务 1　插入 Flash 对象

目前，Flash 动画是网页上最流行的动画格式，大量用于网页中。在 Dreamweaver 中，Flash 动画也是最常用的多媒体插件之一，它将声音、图像和动画等内容加入到一个文件中，并能制作较好的动画效果，同时还使用了优化的算法将多媒体数据进行压缩，使文件变得很小，因此，非常适合在网络上传播。

下面是插入 Flash 对象的步骤（本任务中所用素材在"module04\4_5"文件夹中）：

步骤

步骤 1　执行"文件"→"新建"命令，新建一个空白文档。

步骤 2　将光标置于要插入 Flash 的地方，单击"插入"栏"常用"类别中的"媒体"→"Flash"选项，如图 4-42 所示。

步骤 3　弹出"选择 SWF"对话框，选择本章节素材文件夹中 images 文件夹下的 bg.swf 文件，如图 4-43 所示。

图 4-42　插入 Flash

图 4-43　选择 Flash 文件

步骤 4　单击"确定"按钮，Flash 对象插入完成。

步骤 5　保存文件（本例保存为本章节文件夹下的"flash.html"文件名），按<F12>键，在浏览器中浏览，效果如图 4-44 所示。

图 4-44　插入 Flash 的网页

子任务 2 设置 Flash 对象属性

在编辑窗口中单击 Flash 文件，可以在属性面板中设置该文件的属性，如图 4-45 所示。

图 4-45 Flash 属性面板

Flash 属性面板参数设置（与"图像"重复的属性略）如下。

1）"循环"：设置影片在预览网页时自动循环播放。

2）"自动播放"：设置 Flash 文件在页面加载时就播放，建议选中。

3）"品质"：在影片播放期间控制失真度。

➤ "低品质"：更看重速度而非外观。

➤ "高品质"：更看重外观而非速度。

➤ "自动低品质"：首先看重速度，但如有可能则改善外观。

➤ "自动高品质"：首先看重品质，但根据需要可能会因为速度而影响外观。

4）"比例"：设置 Flash 对象的缩放方式。可以选择"默认（全部显示）""无边框""严格匹配"3 种。

5）"播放"：在编辑窗口中预览选中的 Flash 文件。

6）"参数"：打开"参数"对话框，为 Flash 文件设定一些特有的参数。

子任务 3 网页中插入影片

Shockwave 影片是一种很好的压缩格式，它能被目前的主流浏览器（如 IE 和 Netscape）所支持，可以被快速下载。

步骤

步骤 1 执行"文件"→"新建"命令，新建一个空白文档。

步骤 2 将光标置于要插入影片的地方，单击"插入"栏"常用"类别中的"媒体"→"Shockwave"选项，如图 4-46 所示。

步骤 3 弹出"选择文件"对话框，选择本章节素材文件夹中 images 文件夹下的 video.mpeg 文件，如图 4-47 所示。

步骤 4 单击"确定"按钮，Shockwave 对象插入完成。

步骤 5 保存文件（本例保存为本章节文件夹下的"shockwave.html"文件名），按<F12>键，在浏览器中浏览。

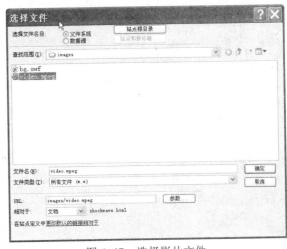

图 4-46　插入 Shockwave

图 4-47　选择影片文件

子任务 4　利用 Applet 制作动感网页

Java 是一种编程语言，可用于开发嵌入式 Web 中的小型应用程序，常常应用于动画、网络游戏和聊天室等领域。Applet 插件是非常小的 Java 应用程序，它是动态、安全、跨平台的网络应用程序。利用 Applet，可以制作一些非常漂亮的效果，如下雨、涟漪等。

步骤

步骤 1　执行"文件"→"打开"命令，打开本任务素材"4_5_4\index.htm"网页文档，如图 4-48 所示。

步骤 2　将光标置于要插入 Applet 的地方，单击"插入"栏"常用"类别中的"媒体"→"APPLET"选项，如图 4-49 所示。

图 4-48　打开网页文档

图 4-49　选择"APPLET"选项

步骤3 弹出"选择文件"对话框，选择本章节素材文件夹中"4_5_4\Lake.class"文件，如图4-50所示。

图4-50 选择文件

步骤4 单击"确定"按钮，Applet对象插入完成。在"属性"面板中将"宽"设置为350，"高"设置为300，"对齐"设置为"右对齐"。在"拆分"视图的代码窗口中输入以下代码：

```
<applet code="Lake.class" width="350" height="300" align="right">
<PARAM NAME="image" VALUE=" look4(3)jpg">
</applet>
```

效果如图4-51所示。

步骤5 保存文件（本例保存为本章节文件夹下的"4_5_4\index1.htm"文件名），按<F12>键，在浏览器中浏览，效果如图4-52所示。

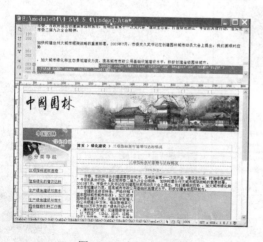

图4-51 插入Applet

图4-52 插入Applet效果图

任务六　创建背景音乐

知识导读

背景音乐能营造一种气氛，现在很多网站管理者为突出自己的个性，都喜欢添加自己喜欢的音乐。现为本素材文件夹中的"paipai.html"网页文档添加背景音乐。

下面是创建背景音乐的步骤（此任务中所用素材在"module04\4_6"文件夹中）：

步骤

步骤1　执行"文件"→"打开"命令，打开"paipai.html"网页文档。

步骤2　将光标置于页面，单击"插入"栏"常用"类别中的"媒体"→"插件"选项，如图4-53所示。

步骤3　弹出"选择文件"对话框，选择"images\lmmw.mp3"文件，单击"确定"按钮，背景音乐插入完成，如图4-54所示。

步骤4　保存文件（本例保存为"paipaiyinyue.html"文件名），按<F12>键，在浏览器中浏览，页面加载后会听到音乐，并且页面上会有一个播放条。

图4-53　选择"插件"选项

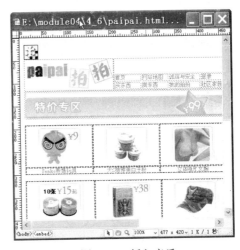

图4-54　插入音乐

信息卡

如果想去掉页面中的播放条，可在属性面板中设置。单击"属性"面板中"参数"按钮，在弹出的对话框中添加新参数"HIDDEN"，设置其值为"TRUE"。再次按<F12>键进行预览，可发现页面上没有了播放条。

任务七　使用超链接

知识导读

　　超链接是 Web 的精华，是网页中最重要、最根本的元素之一。超链接能够使多个孤立的网页之间产生一定的相互联系，从而使单独的网页形成一个有机的整体。超链接作为网页间的桥梁，起着相当重要的作用。

子任务 1　关于超链接的基本概念

1．什么是超链接

　　超链接是"超文本链接"的缩略语，是一个专用术语，用于描述 Internet 上的所有可用信息和多媒体资源。超链接也可看成是从源端点到目标端点的一种跳转。通过这种跳转把 Internet 上众多的网站和网页联系起来，构成一个有机的整体，浏览者才能在信息海洋中尽情遨游。

2．超链接的分类

　　按照链接路径的不同，网页中超链接一般分为以下 3 种类型：

　　1）内部链接：链接目标是位于本站点中的文档，利用内部链接可以跳转到本站点中的其他页面上。

　　2）外部链接：链接目标是位于本站点之外的站点或文档，利用外部链接可以跳转到本站点外的其他网站的页面上。

　　3）局部链接：链接目标是位于文档中的命名锚，利用局部链接可以跳转到文档中的某个指定位置。

　　按照使用对象的不同，网页中的链接又可以分为：文本超链接、图像超链接、E-mail 链接、锚点链接、多媒体文件链接、空链接等，将在下面的"子任务 3"中详细介绍。

3．链接路径

　　每个网页都有一个唯一的地址，称为统一资源定位器（URL），它用于指定欲取得 Internet 上资源的位置与方式。例如，中国教育和科研计算机网地址"http://www.edu.cn"。但当创建一个网站的内部链接时，只需指定相对于当前网页或站点的一个相对路径即可。下面具体讲解路径的三种表示方法。

　　1）绝对路径：是一个完整的 URL 地址，通常使用"http://"来链接网页。例如：http://www.sports.sina.com.cn/team/index.htm 就是一个绝对路径。外部链接只能采用绝对路径。

　　2）根目录相对路径：站点上所有可以为公众查看的文件都包含在站点根目录下。根目录相对路径以斜线"/"开头，如"4_5/index.htm"表示链接到位于站点根目录下的"4_5"

文件夹中名为"index.htm"的文件。使用根目录相对路径作为链接，即使站点移动也不影响链接的正常运行。

3）文档相对路径：文档相对路径是指和当前文档所在文件夹相对的路径。可以以"../"开头。例如，若"index.htm"代表当前文件夹中的一个指定文档，则"../index.htm"代表包含在当前文件夹上一层文件夹中的指定文档。文档相对路径常常是用来链接同当前文档处于同一文件夹中的文件的最简捷路径。

子任务 2　创建超链接的方法

创建超链接的方法有很多种，下面就是各种方法的创建步骤（本任务中所用素材在"module04\4_7"文件夹中）：

方法一：使用菜单命令

步骤

步骤 1　在文档窗口中选取要设置超链接的对象（文字、图像等）。

步骤 2　执行"插入"→"超级链接"命令。

步骤 3　弹出"超级链接"对话框，如图 4-55 所示，可根据链接的目标进行相关参数设置，单击"确定"按钮，超链接即可添加成功。

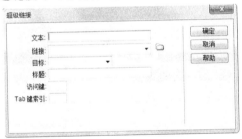

图 4-55　"超级链接"对话框

方法二：在"属性"面板中添加

步骤

步骤 1　在文档窗口中选取要设置超链接的对象（文字、图像等）。

步骤 2　展开"属性"面板，如图 4-56 所示，单击"链接"文本框右侧的图标按钮▢。

图 4-56　"属性"面板

步骤 3　弹出"超级链接"对话框，选择链接的目标文件，单击"确定"按钮，超链接即可添加成功。

方法三：直接拖动创建超链接

步骤

步骤1　选取要设置超链接的对象。

步骤2　在"属性"面板中，拖拽文件图标到要链接的文字，如图4-57所示，然后在弹出的窗口中选择"创建链接"单选按钮，如图4-58所示。

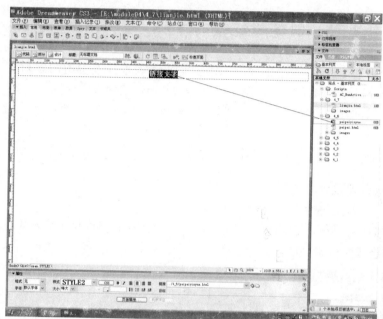

图4-57　直接拖拽创建链接

图4-58　选择"创建链接"

信息卡

超链接设置成功后，"属性"面板中的"目标"框变为可用状态。"目标"列表的参数如下。

➢ _blank：将目标文件载入到新的未命名浏览器窗口中。

➢ _parent：将目标文件载入到父框架集或包含该链接的框架窗口中。

➢ _self：将目标文件载入与该链接相同的框架或窗口中。

➢ _top：将目标文件载入到整个浏览器窗口并删除所有框架。

_parent、_self、_top只有在使用框架页面时才有效。

子任务3　创建各种类型的链接

1. 创建图片热点链接

热点链接是针对图像而言的，利用它可以为一幅图像的不同区域添加不同的超链接。要为图像添加热点链接，可以使用图像属性面板中的地图组合按钮。

步骤

步骤1 在网页中插入一个图像，然后用鼠标选中该图像。

步骤2 选择"属性"面板左侧"地图"选项中的"矩形热点工具"，如图 4-59 所示。

步骤3 在图像左上端拖动鼠标，绘制一个矩形区域，然后释放鼠标，即画出了一个"矩形热点区域"，如图 4-60 所示。

图 4-59　地图　　　　　　　　图 4-60　绘制图像矩形热点区域

步骤4 绘制完矩形区域后，"属性"面板就会显示和当前链接区域有关的项目，如图 4-61 所示，在此可设置相应的内容。

图 4-61　图像的"热点区域"属性面板

步骤5 在图像上还可继续绘制圆形热点区域和多边形热点区域，并为每个热点区域设置链接的目标文件及链接方式。

步骤6 保存并预览网页，将鼠标放在图片的"热点区域"上，鼠标会变成手形，单击热点区域，页面会跳转到相应的页面。

2．创建锚记链接

有时一个网页拥有很多的内容，这将使滚动条变得很长，浏览时频繁地使用鼠标会不太方便。这里介绍一种称为"命名锚记"的链接，当它被单击时，页面立即跳转到指定的位置上，便于浏览者查看。

"命名锚记"的创建可以分为两步："创建命名锚记"和"链接命名锚记"。

步骤

步骤1 创建"命名锚记"：执行"文件"→"打开"命令，打开"maoji.htm"网页文档。

步骤2 将光标置于需要添加锚记的位置，单击"插入"栏"常用"类别中左侧第 3 个"命名锚记"图标按钮 ⚓。

步骤3 在弹出对话框的"锚记名称"文本框中，输入锚记的名称，如在本例中，因为在文字"技术特点"前添加锚记，所以在该文本框中输入锚记名称"jstd"，如图 4-62 所示。

图 4-62　输入锚记名称

步骤4 单击"确定"按钮，则锚记标记已经插入到光标位置上了，如图 4-63 所示，这个位置就是当命名锚记产生链接作用时，网页所要跳转到的地方。

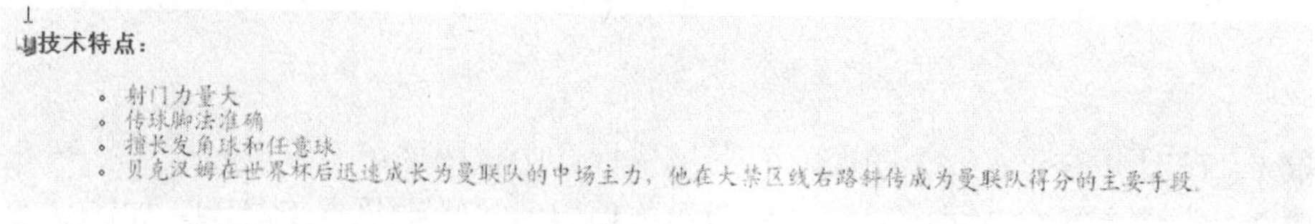

技术特点：

- 射门力量大
- 传球脚法准确
- 擅长发角球和任意球
- 贝克汉姆在世界杯后迅速成长为曼联队的中场主力，他在大禁区线右路斜传成为曼联队得分的主要手段。

图 4-63　添加的锚记

步骤 5　链接"命名锚记"：在网页编辑窗口中，插入并选中要链接到"命名锚记"的文字或其他对象。本例中选择页面上端的"技术特点"文本。

步骤 6　在"属性"面板的"链接"文本框内输入"#锚记名称"，本例为"#jstd"，如图 4-64 所示。

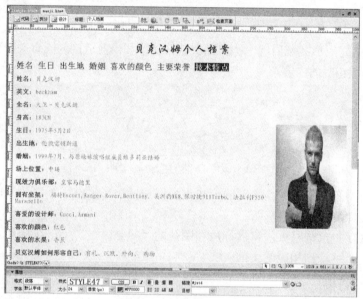

图 4-64　设置锚记链接

步骤 7　保存并预览网页，将鼠标放在文本"技术特点"上，鼠标会变成手形，单击后页面会跳转到页面中相应的位置。

信息卡

也可在"属性"面板中将链接栏右侧的"指向文件"按钮拖动到链接的目标锚记处来链接锚记。

3．创建邮件链接

邮件链接是指当单击该链接时，不是打开网页文件，而是启动用户的 E-mail 客户端软件（如 Outlook Express），并打开一个空白的新邮件，让用户撰写邮件，这是一种非常方便的互动方式。

步骤

步骤 1　执行"文件"→"打开"命令，打开"lianjie.htm"网页文档。

步骤 2　将光标置于网页中需要插入 E-mail 链接的位置，单击"插入"栏"常用"类别中左侧第 2 个"电子邮件链接"图标按钮。

步骤3　在弹出的"电子邮件链接"对话框中，在"文本"文本框中输入链接的文字，本例中输入"联系我们"；在"电子邮件"文本框中输入要链接的邮箱地址，如图4-65所示。

步骤4　单击"确定"按钮，具有"邮件链接"属性的文本就会插入到光标所在的位置。

步骤5　保存文件（本例保存为本章节文件夹下的"lianjie.htm"文件名），按<F12>键，在浏览器中浏览。单击该邮件链接文字就会弹出如图4-66所示的对话框，此时即可进行邮件发送操作。

图4-65　设置邮件链接

图4-66　启动邮件编辑器

子任务4　管理超链接

当对含有超链接的文档进行移动、删除、复制等操作时，原有的链接会发生改变。因此，当链接创建好后，还需对链接进行管理，以此保证链接的正确性。

1．设置链接管理参数

步骤

步骤1　执行"编辑"→"首选参数"命令，弹出"首选参数"对话框，如图4-67所示。

步骤2　在"分类"列表中选择"常规"选项。

步骤3　在"移动文件时更新链接"下拉列表中选择合适的选项。

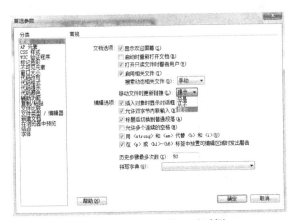

图4-67　"首选参数"对话框

信息卡

"移动文件时更新链接"列表包含如下选项。

➢ "总是"：当本地站点中的文档被重命名或移动时，将自动对文档中的链接进行相应的更新。

➢ "从不"：当本地站点中的文档被重命名或移动时，不对文档中的链接进行相应的更新。

➢ "提示"：当本地站点中的文档被重命名或移动时，将弹出一个提示框询问是否进行相应的更新。"提示"是系统默认的设置。

2. 更新链接

当网页中的超链接创建好之后，在网页或对象发生变化时，经常需要进行修改。改变超链接有以下两种方法。

➢ 方法一：在"属性"面板中删除链接栏的内容，用前面讲过的方式重新创建超链接。

➢ 方法二：在"文件"面板中，用鼠标拖动文件到其他位置。当要移动文件到其他位置时，系统默认情况下会弹出如图 4-68 所示的"更新文件"对话框。单击"更新"按钮可对移动文件之后的链接进行更新，如果仍然想使原来的链接生效，单击此按钮即可。单击"不更新"按钮可对移动文件之后的链接不进行更新，选择此项目，相应的链接在浏览时就会失去效果。

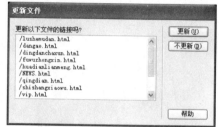

图 4-68 "更新文件"对话框

3. 删除链接

删除超链接通常有以下三种方法。

➢ 方法一：选择需要删除的超链接对象，在"属性"面板中将"地址"文本框中的地址删除。

➢ 方法二：在网页中选择需要删除的超链接的对象，执行"修改"→"移除链接"命令直接删除。

➢ 方法三：在网页中选择需要删除的超链接的对象，用鼠标右键单击，在弹出的快捷菜单中选择"移除链接"命令即可。

学 材 小 结

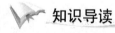 **知识导读**

本模块主要介绍了在网页中添加各种基本元素的方法，并通过案例详细讲解了页面属性的设置方法、网页中添加并编辑文本元素的方法、图像在网页中的各种使用方式、添加并编辑各种多媒体对象的方法以及网页中各种链接形式的创建方式等内容。

理论知识

1. 判断题

1）在网页中插入图像时，该图像必须要复制到站点目录中。　　　　　　　　（　　）

2）设置字体时，如果没有所需要的中文字体，可以使用"编辑字体列表"进行添加。

　　　　　　　　　　　　　　　　　　　　　　　　　　　　　　　　　（　　）

3）网页属性中的背景图像和跟踪图像非常类似，可以互相取代使用。　　　　（　　）

4）在网页中插入的图像可以在 Dreamweaver 中进行简单的编辑操作。　　　　（　　）

5）在一个网页中，可以插入多个导航条。　　　　　　　　　　　　　　　　（　　）

6）在网页中编辑对象时，如果"属性"面板被隐藏了，可以选择"查看"→"属性"命令来打开"属性"面板。 　　　　　　　　　　　　　　　　　　　　　　　　　（　　）

7）在网页中插入的 Flash 影片可在编辑状态下进行播放，也可以在编辑状态下修改影片文件。 　　　　　　　　　　　　　　　　　　　　　　　　　　　　　　　（　　）

2．填空题

1）通过_____操作可以使各个网页之间连接起来，使网站中众多的页面构成整体，访问者可以在各个页面之间进行跳转。

2）一个有很多内容的网页，如果要实现向网页中的指定位置进行跳转，需要设置_____链接。

3）插入鼠标经过图像时需要先准备至少_____幅图像。

4）为网页中插入的对象设置格式，通过_____最方便。

5）在网页中插入的图像最常用的格式有三种，分别是_____、_____和_____。

6）在"属性"面板中可以设置 4 种段落对齐方式：左对齐、_____、_____和两端对齐。

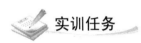

实训任务

实训　制作某品牌箱包主页

【实训目的】

掌握在网页中添加文本、图像的方法以及用图像作为导航条、制作背景图像和创建邮件链接的方法。

【实训内容】

本例结合文本、图像、Flash、超链接等网页基本元素，制作"某品牌箱包公司"主页，最终效果如图 4-69 所示。制作步骤如下（本实训任务中所用素材在"module04\shixun"文件夹中）：

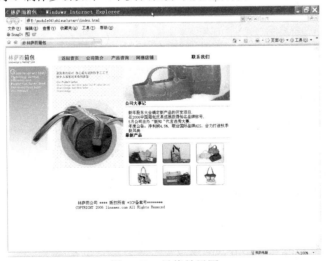

图 4-69　最终效果图

步骤

步骤1　执行"文件"→"打开"命令，打开"start.htm"网页文件，如图 4-70 所示。

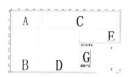

图 4-70　打开的网页文件

步骤2　在页面标有"A"处，插入图片"images\logo.jpg"，"宽"设为"108"，"高"设为"34"。

步骤3　在页面标有"B"处，插入图片"images\index_02.jpg"，"宽"设为"180"，"高"设为"430"。

步骤4　在页面标有"D"处，插入图片"images\index_03.jpg"，"宽"设为"285"，"高"设为"411"。

步骤5　在页面标有"I""J""K""L""M""N"处，分别插入"images"文件夹下的"01.jpg""02.jpg""03.jpg""04.jpg""05.jpg"和"06.jpg"，"宽"均设为"113"，"高"均设为"80"，如图 4-71 所示。

图 4-71　插入图像后

 注意

为保证页面整齐，还需相应地调整表格中的单元格的对齐方式（关于表格，在模块五中详解）。

步骤6　添加导航条。将光标置于页面标有"C"处，删掉字母"C"，选择_____→_____→_____→_____命令。单击"状态图像"后的"浏览"按钮，选择本章节素材中的 images 文件夹下的"a1.jpg"文件；单击"鼠标经过图像"后的"浏览"按钮，选择本章节素材中的 images 文件夹下的"a2.jpg"文件，单击"按下时，前往的 URL："后的"浏览"按钮，选择"index.htm"文件作为此图片的链接。

步骤7　在"替换文本"中输入相应文本。

步骤8　单击图标按钮⊞，继续添加其他导航条元件。具体步骤与添加的第一个元件类似，这里不再赘述。使用"水平""表格"方式插入导航条，效果如图 4-72 所示。

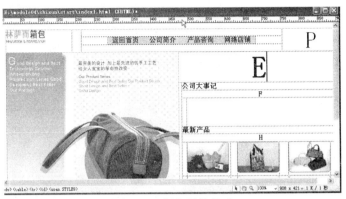

图 4-72 插入导航条后

步骤 9 插入 Flash 影片。将光标置于页面标有"E"处，删掉字母"E"，选择_____→_____→_____→_____命令。在"选择文件"对话框中选择"foucs.swf"插入，效果如图 4-73 所示。

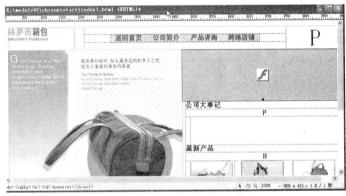

图 4-73 插入 Flash 后效果

步骤 10 插入文本文件。打开"images\公司简介.txt"文本文件，将正文内容复制并粘贴到页面标有"G"处。

步骤 11 制作邮件链接。在页面标有"P"处，制作邮件链接，链接文本为"联系我们"，E-mail 地址可视真实情况进行设置。

步骤 12 制作背景图像。把鼠标定位在页面标有"F"处，选择_____面板中的"背景"后的"浏览"按钮，选择图像文件夹中的"bg_02.gif"文件，单击"确定"按钮。用同样的方法，制作"H"处背景图像。

步骤 13 保存文件（本例保存为本章节文件夹下的"index.htm"文件名），按_____键，在浏览器中浏览，效果如图 4-69 所示。

拓展练习

1）利用本模块知识，自己准备相应素材，设计一个"个人主页"。

2）在网页中插入音乐、视频、Flash、超链接等元素，设计一个个性化的"音乐、视频网站"。

模块五

使用表格技术

本模块导读

　　表格是用于在 HTML 页上显示表格式数据以及对文本和图形进行布局的强有力的工具。本模块详细讲述了如何使用 Dreamweaver CS6 建立表格及设置表格属性，在表格中添加数据内容，修改单元格及对单元格进行设置调整，如何合并、拆分单元格，行、列的添加和删除，以及插入其他源的表格等。

本模块要点

- ● 掌握创建表格的方法
- ● 设置表格以及单元格属性值
- ● 表格中添加数据内容
- ● 插入其他源的表格

任务一 认识表格

子任务 熟悉网页中的表格

知识导读

表格是用于在 HTML 页上显示表格式数据以及对文本和图形进行布局的强有力的工具之一。表格由一行或多行组成；每行又由一个或多个单元格组成。虽然 HTML 代码中通常不明确指定列，但 Dreamweaver 允许用户操作列、行和单元格。当选定了表格或表格中有插入点时，Dreamweaver 会显示表格宽度和每个表格列的列宽。宽度旁边是表格标题菜单与列标题菜单的箭头。使用这些菜单可以快速访问与表格相关的常用命令。可以启用或禁用宽度和菜单。

在网页设计中，表格可以用来布局排版，下面介绍使用表格制作的页面的实例，这个页面的排版格式，如果用以前所讲的对齐方式是无法实现的，因此需要用到表格布局来设计。表格将整个网页设计布局为三大部分（见图 5-1 黑色实线区域），然后添加所需内容，如图 5-1 所示。

图 5-1 表格布局网页

在开始使用表格之前，首先对表格的各部分的名称进行介绍，正如 Word 中所讲述的表格一样，一张表格横向叫行，纵向叫列。行列交叉部分就称为单元格。单元格是网页布局的最小单位。有时为了布局的需要，可以在单元格内再插入新的表格，有时可能需要在表格中

反复插入新的表格，以实现更复杂的布局。单元格中的内容和边框之间的距离称为边距。单元格和单元格之间的距离称为间距。整张表格的边缘称为边框，如图 5-2 所示。

另外，在代码视图中如果要定义一个表格，就要使用 <TABLE>…</TABLE> 标记，表格的每一行使用 <TR>…</TR> 标记，表格中的内容要用 <TD>…</TD> 标记。表列实际上是存在于表的行中。建立图 5-2 所示的表格需要如下的 HTML 代码：

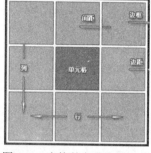

图 5-2　表格的各部分的名称

```
<TABLE BORDER=1>
<TR><TD></TD><TD></TD><TD></TD></TR>
<TR><TD></TD><TD></TD><TD></TD></TR>
<TR><TD></TD><TD></TD><TD></TD></TR>
</TABLE>
```

利用 <TABLE> 标记来告诉计算机，这是一个表格，BORDER=1 是设定此表格的框线粗细为 1。一组 <TR>…</TR> 是设定一横列的开始。一组 <TD>…</TD> 则是设定一个列，文字就是要写在这里面。另外，还可以自己设定表格的"宽"及"高"，如 <TABLE WIDTH="100" BORDER="1" HEIGHT="60">；利用 ALIGN=RIGHT 可以让表格中对象右对齐，利用 ALIGN=LEFT 可以让表格中对象左对齐；利用 BGCOLOR="颜色码" 指定表格背景颜色的方法：<TABLE BORDER="1" BGCOLOR=#FFCC33>。

 注意

> 布局模式从 Dreamweaver CS4 已被弃用（布局模式使用布局表格创建页面布局）。
> 当选定了表格或表格中有插入点时，Dreamweaver 会显示表格宽度和每个表格列的列宽。宽度旁边是表格标题菜单与列标题菜单的箭头。使用这些菜单可以快速访问与表格相关的常用命令。可以启用或禁用宽度和菜单。
> 如果用户未看到表格的宽度或列的宽度，则说明没有在 HTML 代码中指定该表格或列的宽度。如果出现两个数，则说明"设计"视图中显示的可视宽度与 HTML 代码中指定的宽度不一致。

任务二　使用表格

子任务　插入表格并添加内容

表格是用于在页面上显示表格式数据以及对文本、图形进行布局的工具，可以控制文本和图形在页面上出现的位置。在 Dreamweaver 中，使用者可以插入表格并设置表格的相关属性。

使用 Dreamweaver 创建一个表格并对表格进行基本参数设置的操作，具体过程如下。

步骤

步骤 1　创建一个表格。将光标停放在页面中需要创建表格的地方，有以下 3 种方法可以实现表格的创建。

1）执行"插入记录"→"表格"命令。

2）快捷键<Ctrl>+<Alt>+<T>。

3）单击工具栏"布局"或"常用"面板上的"表格"按钮，如图5-3所示。

步骤2 设置表格基本属性值。

完成步骤1中任何一项操作，即可打开"表格"对话框，按照图5-4所示输入想要创建表格的行数、列数、表格宽度、边框粗细、单元格边距和单元格间距的值。设置好各项属性值后，可创建一个表格。

图5-3 插入表格按钮

图5-4 "表格"对话框

 注意

单元格边距和单元格间距的区别：

1）单元格边距：确定单元格边框和单元格内容之间的像素数。

2）单元格间距：确定相邻的表格单元格之间的像素数。

步骤3 创建表格成功。单击"确定"按钮，就会在页面中插入一个表格，如图5-5所示。

步骤4 插入内容。将module05\1\images下的grjl_01.gif～grjl_05.gif图片分别插入到5个单元格内，效果如图5-6所示。

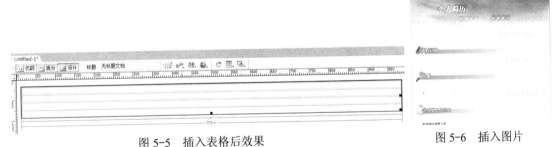

图5-5 插入表格后效果

图5-6 插入图片

任务三　编　辑　表　格

子任务1　选择编辑表格

步骤

步骤1 打开module05\2下的index1.html文件，在第二个单元格中插入5行1列的表格，

95

如图 5-7 所示。

步骤 2 同时选中插入的表格，如图 5-8 所示。

图 5-7 插入表格

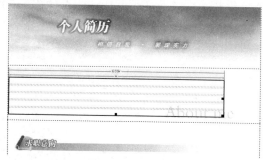

图 5-8 选中表格

（1）选择整个表格 有以下3种方法可以实现：

1）把光标悬放到表格的上边框外缘或者下边框外缘（光标呈现表格光标），如图 5-9 所示；或者把光标悬放在表格的右边框上或者下边框上再或者单元格内边框的任何地方（光标标呈现平行线光标），如图 5-10 所示。单击鼠标左键即可选中此表格。

图 5-9 光标悬放至表格边框外缘

2）将光标放置在表格的任意一个单元格内，单击鼠标左键，之后单击页面窗口左下角的<table>标记，即可选中整个表格，如图 5-11 所示。

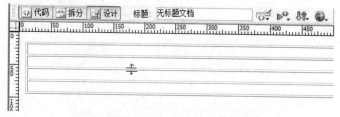

图 5-10 光标悬放至单元格内边框上

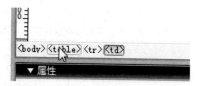

图 5-11 通过<table>标记选择表格

3）在单元格中单击，然后选择菜单项"修改"→"表格"→"选择表格"。

（2）选择表格元素 选择表格的行或列，可以有以下3种操作实现：

1）将光标定位于行的左边缘或列的最上端，当光标变成黑色箭头时单击即可，如图 5-12 所示。

2）在单元格内单击，按住鼠标左键，然后按照如图 5-13 所示的箭头方向，平行拖动或者向下拖动可以选择多行或者多列。

3）按住<Ctrl>键，用鼠标左键分别单击欲选择的多行或者多列，这种方法可以比较灵活的选择多行或者多列。

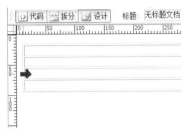

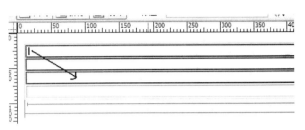

图 5-12 通过箭头选择行或列   图 5-13 通过拖动鼠标选择行或列

步骤 3 执行"窗口"→"属性"命令，打开"属性"面板，在该面板中会显示所选中表格的相关属性值，设置表格属性栏将表格的"对齐"方式改为居中对齐，修改"边框"属性值为"1"，间距为"0"，边框颜色为"#339999"，如图 5-14 所示。

图 5-14 表格属性

（1）设置表格"属性" 各属性参数含义如下。

● 表格 Id：在其右边的下拉列表框中，设置表格 Id，一般不可输入。
● 行：在该文本框中，设置表格的行数。
● 列：在该文本框中，设置表格的列数。
● 宽：在该文本框中，设置表格的宽度，有"%"和"像素"两种单位可以选择。
● 填充：在该文本框中，设置单元格内部和对象的距离。
● 间距：在该文本框中，设置单元格之间的距离。
● 对齐：在其右边的下拉列表框中设置表格的 4 种对齐方式。
● 边框：在该文本框中输入相应数值，设置表格的边框宽度。
● 背景颜色：在其右边的拾色器中可以选择表格背景颜色。
● 边框颜色：在其右边的拾色器中可以选择表格边框颜色。
● 背景图像：通过其右边的"浏览文件"图标按钮可以选择背景图像。
● 按钮：清除列宽按钮，可以清除表格列的宽度。
● 按钮：清除行高按钮，可以清除表格行的高度。
● 按钮：将表格宽度转换成像素。
● 按钮：将表格高度转换为像素。
● 按钮：将表格宽度转换成百分比。
● 按钮：将表格高度转换成百分比。

（2）设置单元格属性 只要把光标放到某个单元格内并单击鼠标就可选定此单元格。设置单元格的属性，具体操作步骤如下：将光标置于单元格内，执行"窗口"→"属性"命令，此时在打开的"属性"面板中可进行相关设置，如图5-15所示。

图 5-15 打开单元格属性面板

单元格"属性"面板各属性参数含义如下。

● 水平：在其右边的下拉列表框中设置表格的 4 种水平对齐方式。

● 垂直：在其右边的下拉列表框中设置表格的 5 种垂直对齐方式。

● 宽：在该文本框中，设置单元格的宽度。

● 高：在该文本框中，设置单元格的高度。

● 不换行：选中该复选框，在单元格中输入文本时不会自动换行，需要按<Enter>键，方可换行。

● 标题：选中该复选框，即把此单元格中的文本设置为居中状态和加粗的标题格式。

● 背景：单击其右边的"单元格背景 URL"图标按钮可以选择背景图像。

● 背景颜色：单击其右边的拾色器，从弹出的颜色框中设置单元格的背景颜色。

● 边框：单击其右边的拾色器，从弹出的颜色框中设置单元格的边框的颜色。

● ▭ 按钮：合并单元格按钮。

● ▦ 按钮：拆分单元格按钮。

步骤 4 单击第一行单元格，单击鼠标右键，在弹出的快捷菜单中执行"表格"→"插入列"命令，如图 5-16 所示。

行、列的添加和删除介绍如下。

执行"修改"→"表格"菜单命令或者快捷菜单命令都可以对表格中的行、列进行增加或删除操作。

（1）添加行或列 可以通过以下两种方法来实现。

● 在需要添加行或列的位置单击鼠标左键，可以选择快捷菜单项"修改"→"表格"→"插入行"或者"插入列"，即可在此单元格上面添加一行或者左面添加一列。

● 选择菜单项"修改"→"表格"→"插入行或列"命令，在出现的对话框中输入要添加的行数或列数，如图 5-17 所示。

图 5-17 中各属性参数含义如下。

● 插入行：选择此项将插入行。

● 插入列：选择此项将插入列。

● 行数（列数）：在该文本框中，设置插入行或列的数值。

● 所选之上（所选之前）：在当前所选位置上面（前面）进行插入操作。

● 所选之下（所选之后）：在当前所选位置下面（后面）进行插入操作。

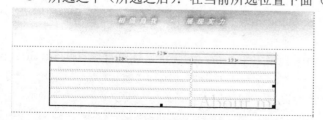

图 5-16 插入列

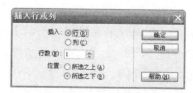

图 5-17 添加行或列

注意

如果想在表格的最后一行下面再添加一行，则只能用第二种对话框方法。

（2）删除行或列　在需要删除行或列的位置单击，可以选择菜单项"修改"→"表格"→"删除行"或者"删除列"，即可删除当前行或者当前列。

步骤5　选中第二列的 4 个单元格，单击右键快捷菜单项"合并单元格"，将单元格进行合并。

合并和拆分单元格知识点详解如下。

使用"属性"面板或者执行"修改"→"表格"命令，在打开的子菜单中可以进行单元格的拆分与合并。只要选择部分的单元格可以形成一行或者一个矩形，便可以合并任意数目的相邻的单元格，以此来生成一个跨越多个行或列的大的单元格，也可以将一个单元格拆分成任意数目的行或列。

（1）合并单元格　合并单元格的操作是拆分单元格的逆过程，首先选择需要合并的连续的单元格，然后合并的方法可以有以下4种。

- 使用<Ctrl>+<Alt>+<M>组合键。
- 单击鼠标右键，在弹出的快捷菜单中选择"表格"→"合并单元格"选项。
- 执行菜单中"修改"→"表格"→"合并单元格"命令。
- 单击单元格"属性"面板上的图标按钮 ▭，如图 5-18 所示。

图 5-18　单元格"属性"面板上的合并单元格图标按钮

（2）拆分单元格　拆分单元格的具体方法可以有以下4种。操作如下：

首先将光标放置于表格中想要拆分的单元格内，如图 5-19 所示，然后可以使用以下 4 种方法之一。

- 使用<Ctrl>+<Alt>+<S>组合键。
- 单击鼠标右键，在弹出的快捷菜单中选择"表格"→"拆分单元格"选项。
- 执行菜单中"修改"→"表格"→"拆分单元格"命令。
- 单击单元格"属性"面板上的图标按钮 ▥，如图 5-20 所示。

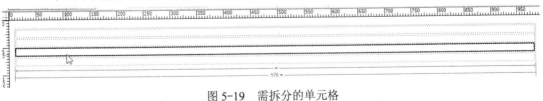

图 5-19　需拆分的单元格

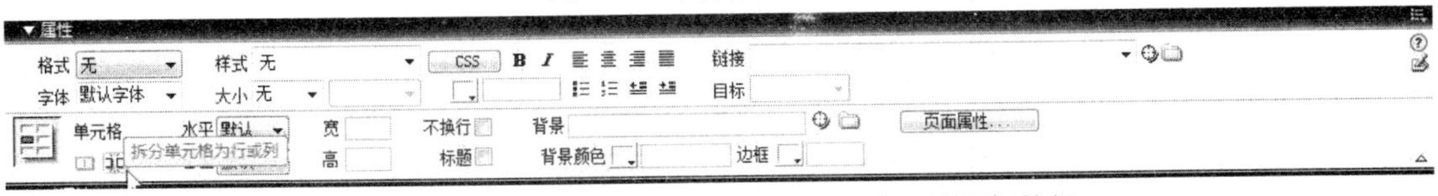

图 5-20　单元格"属性"面板上拆分单元格图标按钮

此时会弹出"拆分单元格"对话框，如图 5-21 所示。

可以选择把此单元格拆分成行或者列，此处单击"把单元格拆分"中的"列"单选按钮，然后将"列数"设置为 3，最后单击"确定"按钮即可。

图 5-21　"拆分单元格"对话框

拆分之后的效果如图 5-22 所示。

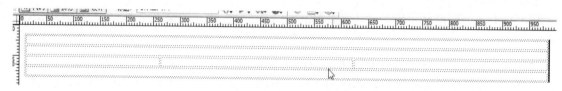

图 5-22　拆分之后的单元格

步骤 6　最后，输入如图 5-23 所示的个人信息，右侧可插入照片。

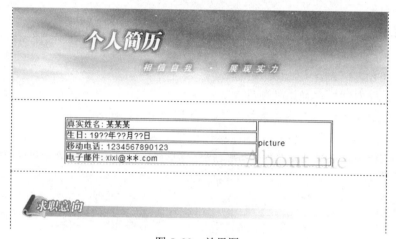

图 5-23　效果图

子任务 2　导入表格数据

步骤

步骤 1　执行下列操作之一：

● 选择"文件"→"导入"→"表格式数据"。

● 在"插入"面板的"数据"类别中，单击"导入表格式数据"图标。

● 选择"插入"→"表格对象"→"导入表格式数据"，弹出如图 5-24 所示的"导入表格式数据"对话框。

步骤 2　指定表格式数据选项，然后单击"确定"按钮。

图 5-24 中的部分选项介绍如下。

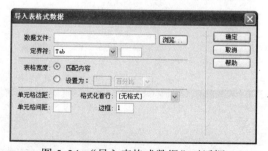

图 5-24　"导入表格式数据"对话框

1）数据文件：输入要导入的文件的名称。单击"浏览"按钮可选择一个文件。

2）定界符：要导入的文件中所使用的分隔符。

如果选择"其他"，则弹出菜单的右侧会出现一个文本框，输入用户的文件中使用的分隔符。

注意

将定界符指定为先前保存数据文件时所使用的定界符。如果不这样做，则无法正确地导入文件，也无法在表格中对用户的数据进行正确的格式设置。

3）表格宽度：

● 选择"匹配内容"使每个列足够宽以适应该列中最长的文本字符串。

● 选择"设置为"，以像素为单位指定固定的表格宽度，或按占浏览器窗口宽度的百分比指定表格宽度。

任务四　使用表格布局网页

子任务　使用表格规划布局网页案例

利用图 5-5 所建立的表格，创建一个关于学校网站的简单的主页面。利用"属性"面板，设置单元格的高度。按照要求拆分特定的单元格，在单元格中插入图像、设置单元格背景图像、在单元格中插入文本内容。

要求：利用"属性"面板把第一行单元格的"高度"设置为 142 像素，为此单元格设置背景图像；设置第二行单元格背景图像，并插入一个 1 行 13 列表格，再在这 13 列单元格内输入导航菜单文本并建立文本超链接；将第三行单元格拆分成 3 列单元格，左侧设计成快捷链接菜单，中间的单元格设计成为文本正文显示区，输入文本内容，设置文本"颜色"为"白色"，右侧单元格为通知公告区，设置单元格"背景颜色"为"#ADE3FF"；第 4 行单元格设置成网页的版权区。此案例具体操作过程如下：

步骤

步骤 1　设置页面属性，在页面空白处单击鼠标，在界面下面的"属性"面板上单击"页面属性"按钮，如图 5-25 所示，弹出"页面属性"对话框，在"背景颜色"属性文本框里输入"#1875C6"，如图 5-26 所示。

单击"确定"按钮后，可以看到网页的背景颜色已经变成所设置的颜色了，如图 5-27 所示。

图 5-25　在"属性"面板中单击"页面属性"按钮

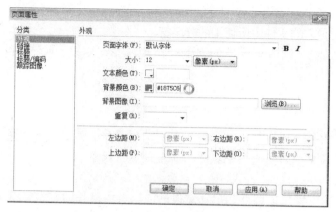

图 5-26 设置网页背景颜色

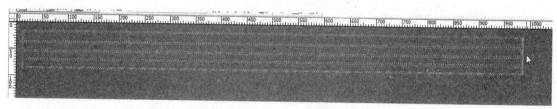

图 5-27 设置后的网页背景颜色

步骤 2 插入网页标识。在第一行单元格内单击鼠标左键，在单元格"属性"面板上单击"背景"后面的"单元格背景 URL"图标按钮 ，如图 5-28 所示，弹出"选择图像源文件"对话框，如图 5-29 所示。

图 5-28 单元格"属性"面板

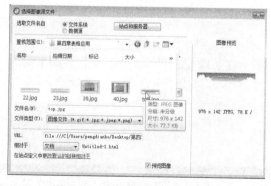

图 5-29 选择网页标识背景图片

选择好标识背景图片后，单击"确定"按钮，此时单元格插入了背景图像，如图 5-30 所示。

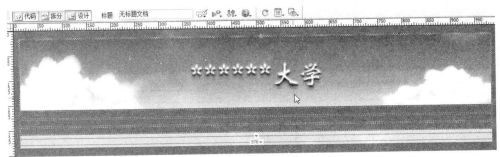

图 5-30 为单元格插入背景图像

步骤 3 设置导航菜单栏。

1）选中页面中表格的第二行的单元格，同步骤 2，为单元格设置背景图像，如图 5-31 所示。

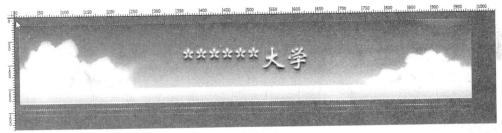

图 5-31 设置背景图像

2）在第二行单元格内插入一个 1 行 ×13 列的表格，"表格宽度"设置成 873 像素，如图 5-32 所示。插入表格后，选择新插入的表格，在表格"属性"面板中，设置表格的对齐方式为"右对齐"，如图 5-33 所示。新插入的表格效果如图 5-34 所示。这些操作都是为设置导航菜单做准备工作。

图 5-32 插入一个新的表格

图 5-33 设置表格对齐方式为右对齐

图 5-34　新插入的表格

3）在每一个单元格内输入文本内容，设置网页的导航菜单，如图 5-35 所示。

图 5-35　为单元格插入文本

4）为每一个导航菜单文本设置超链接，如图 5-36 所示。

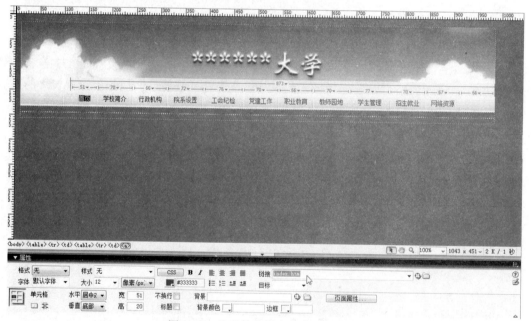

图 5-36　为导航菜单文本设置超链接

步骤 4　设置左侧快捷链接栏。

1）把大表格的第三个单元格拆分成 3 列，单元格宽度分别设置为 150 像素、636 像素、190 像素，在实际应用中，可以根据需要调节表格的宽度。之后把左侧的单元格拆分成 6 行，把鼠标放置在其中一个单元格内，单击鼠标左键，然后执行"插入"→"图像"命令，如图 5-37 所示。在弹出的"选择图像源文件"对话框中，选择要插入的图像文件，如图 5-38 所示。

图 5-37　执行插入图像操作

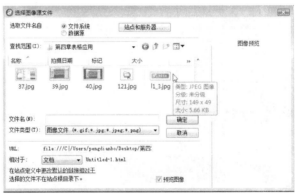

图 5-38　"选择图像源文件"对话框

2）其他 5 个单元格操作步骤同上，结果如图 5-39 所示。

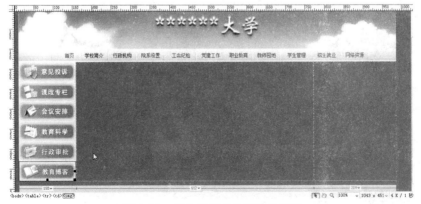

图 5-39　插入图像文件后的效果图

步骤 5 为文本正文区添加文本内容。

鼠标单击中间的单元格，在光标处输入文本内容并设置文本字体颜色为"#FFFFFF"，如图 5-40 所示。

图 5-40 在单元格中输入文本并设置文本字体颜色

步骤 6 设置右侧单元格的通知公告区内容，把右侧的单元格拆分为上下两行单元格，上面的单元格插入图像文件，如图 5-41 所示，而下面的单元格背景颜色设置为"#ADE3FF"，如图 5-42 所示。

图 5-41 单元格中插入图像

图 5-42 设置单元格背景颜色

步骤7　设置版权信息单元格。将最后一行的单元格设置背景图像，输入版权信息，设置单元格水平对齐方式为"居中对齐"，文本字体颜色为"#FFFFFF"，设置后效果如图 5-43 所示。

图 5-43　设置的版权信息单元格

步骤8　最终网页效果如图 5-44 和图 5-45 所示。

图 5-44　整个网页布局效果图

图 5-45　网页浏览效果图

注意

> **表格的应用技巧：**
>
> 在定义表格宽度的时候，总面临到底是使用像素作为度量单位还是百分比作为度量单位的问题。一般情况下，如果是网页最外层的表格，一定要使用像素作为度量单位。因为表格的宽度会随着浏览器的大小而变化，页面表格中的内容将会被挤压变形而影响美观。如果是嵌套的表格，那么可以使用百分比作为单位。表格的嵌套在网页制作中经常使用，尤其是在新浪、搜狐、网易等门户网站中，为了使大量的信息整齐地展示在浏览者面前，表格的嵌套就使用得最为频繁。不要把整个网页放在一个大的表格里，因为一个大表格里的内容要全部装载完才会显示。如果整个网页放在一个表格里，那么用户的网页只会出现两种情况：①全部不显示；②全部显示出来。

学　材　小　结

本模块主要讲解了表格的使用以及如何使用布局表格进行网页布局，用户应掌握表格的基本操作，还应熟悉如何选择、合并、拆分表格以及向表格添加内容等操作。

 理论知识

1）简述创建表格的不同方法。

2）如何合并单元格？

3）创建一个表格，并使用 Dreamweaver 中预定义的样式格式化该表格。

4）如何选择表格？

5）如何合并及拆分表格？

 实训任务

实训　使用表格规划网页

【实训目的】

掌握表格布局的方法。

【实训内容】

学习了本章内容之后，就会很轻松地使用表格进行网页的规划布局。结合前面所学，尝试制作一个简单的花卉介绍网站。填写完成下面的实训任务步骤。

【实训步骤】

步骤 1　启动 Dreamweaver，新建网页文件，命名为 "huahui.html"，作为网站首页。

步骤 2　执行_____命令，插入 6 行 1 列的表格，调整、合并、拆分表格，设置表格属性如图 5-46 所示。

步骤 3　在 "logo" 单元格内单击鼠标左键，单击 "插入" 面板中 "常用" 选项卡中的图标按钮，在打开的 "选择图像源文件" 对话框中选择网站 logo 图像，在 "banner" 单元格内单击鼠标左键，同样插入一幅网站 banner 图像，如图 5-47 所示。

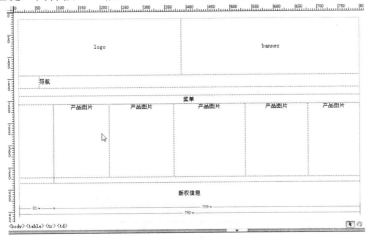

图 5-46　网页表格布局结构

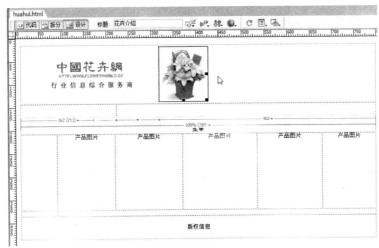

图 5-47　插入图像效果

步骤 4　同上步骤，导航区插入背景图像，输入导航菜单文本，并为每一个菜单设置超链接地址。在页面最下面的版权信息区单元格内加入版权信息，并设置对齐方式为"居中对齐"，效果如图 5-48 所示。

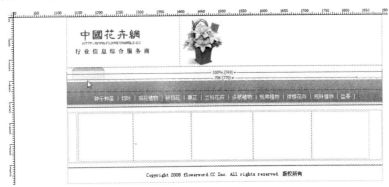

图 5-48　添加导航栏和版权信息之后效果

步骤 5　同步骤 3 和步骤 4，产品展示区添加产品的图片，并设置超链接地址，如图 5-49 所示。

图 5-49　添加正文信息效果

步骤 6　保存网页，按<F12>键，浏览制作的网页，效果如图 5-50 所示。

图 5-50　网页浏览效果

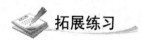 **拓展练习**

利用布局表格和布局单元格创建如图 5-51 所示的网页。

图 5-51　网页浏览效果

110

模块六

使用 AP 元素与框架

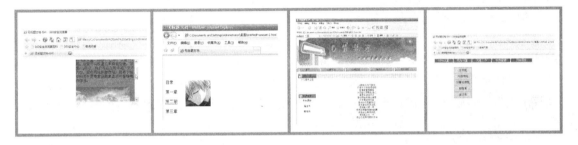

本模块导读

　　AP 元素（绝对定位元素）是分配有绝对位置的 HTML 页面元素，具体而言，就是 Div 标签或其他任何标签。AP 元素可以包含文本、图像或其他任何可放置到 HTML 文档正文中的内容。用户不仅可以在 AP Div 中插入各种网页元素，而且还可以方便地移动 AP Div，达到移动网页内容的目的。除此之外，还可以使用框架来划分网页的布局。根据网页中的不同内容，使用框架把文档窗口分成几个小窗口，在每个小窗口中，分别显示不同的内容。

　　本模块从 AP 元素的概念入手，详细讲述如何使用 Dreamweaver CS6 建立 AP Div 以及设置 AP Div 属性、AP Div 的基本操作。同时详细讲述框架和框架集的创建、框架的基本操作、属性设置等内容。

本模块要点

● 建立 AP Div 和 AP Div 的基本操作

● 掌握框架和框架集的创建和制作框架网页

任务一 初识并使用 AP Div

子任务 1 创建 AP Div

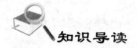

知识导读

AP 元素（绝对定位元素）是一种 HTML 网页元素，一般称为"层"，即网页内容的容器，包含文本、图像或其他任何可以在 HTML 文档正文中放入的内容，且可以精确定位在网页中的任何地方。可以使用 AP 元素来设计页面的布局，AP 元素放置到其他 AP 元素的前后，隐藏某些 AP 元素而显示其他 AP 元素，以及在屏幕上移动 AP 元素。可以在一个 AP 元素中放置背景图像，然后在该 AP 元素的前面放置另一个带有透明背景的文本的 AP 元素。如图 6-1 所示，这是一个 AP Div。AP Div 里可以放置文本或者图像，如图 6-2 所示，在 AP Div 中插入了一些文本内容。AP Div 也可以嵌套使用。AP Div 对于制作网页时需要重叠效果显示时有特殊的作用。

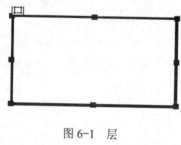

图 6-1 层

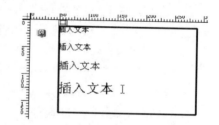

图 6-2 在层中插入的文本内容

创建 AP Div 的具体操作步骤如下：

步骤

步骤 1 这里单击"插入"工具栏中"布局"面板上的"绘制 AP Div"图标按钮，如图 6-3 所示。

图 6-3 "绘制 AP Div"图标按钮

步骤 2 把鼠标放在文档窗口上会出现"十字"光标，如图 6-4 所示。

步骤 3 在文档窗口中按住鼠标左键，拖动鼠标就可以绘制一个 AP Div。可以根据鼠标的拖动范围随意确定 AP Div 的尺寸，如图 6-5 所示。

图 6-4 鼠标悬放到文档窗口

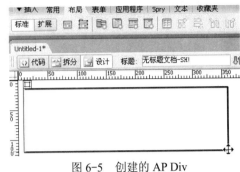

图 6-5 创建的 AP Div

信息卡

创建 AP Div 可以使用以下两种方法：

1）执行"插入"→"布局对象"→"AP Div"命令。

2）单击"插入"工具栏中"布局"面板上的"绘制 AP Div"图标按钮，如图 6-3 所示，在文档窗口中拖动鼠标绘制一个层。

子任务 2 AP Div 的基本操作

在 Dreamweaver CS6 中可以在网页中随意插入 AP Div，但是插入 AP Div 后通常还不能完全达到设计者的要求，还需要对其进行修改、调整、移动、对齐、隐藏等操作。

步骤

步骤 1 打开 module06\div\index1.html 文件，执行"插入"→"布局对象"→"AP Div"命令，新建 AP Div。

步骤 2 若要修改 AP Div 的属性，需要先选择它们，选择 AP Div 的具体操作如下：

1）将光标移动到需要选择的 AP Div 边框上，当光标指针变成"十字双向箭头"光标时，单击鼠标左键即可选中该 AP Div。

2）直接单击 AP Div 的内部，出现显示 AP Div 的选择柄图标，如图 6-6 所示。

3）单击文档窗口左下角状态栏里的 AP Div 标签"<div#Layer1>"，也可选择 AP Div，如图 6-7 所示。

图 6-6 AP Div 选择柄

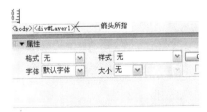

图 6-7 AP Div 标签"<div#Layer1>"

4）在图 6-8 所示的"层"面板中选择 AP Div 的名称，即可选择 AP Div。选择多 AP Div 时，可在按住<Shift>键的同时，单击要选择的 AP Div 的名称。

步骤 3 调整 AP Div 的大小。

创建完 AP Div 后，用户可以根据需要再次调整 AP Div 的大小。选中要调整的 AP Div，把鼠标悬放到 AP Div 边框的选择点上，当鼠标变成"双向箭头"光标时，按住鼠标左键拖动鼠标，调整到合适的大小松开鼠标即可调整 AP Div 的大小，如图 6-9 所示。

步骤 4 移动 AP Div。

移动 AP Div 的操作非常简单，选中要移动的 AP Div，把鼠标悬放到 AP Div 的边框，当鼠标变成"十字双向箭头"光标时，按住鼠标左键把 AP Div 拖到合适的地方松开鼠标即可，如图 6-10 所示。

步骤 5 对齐 AP Div。

当设计页面上有多个 AP Div 时，可以使用 AP Div 对齐命令对齐 AP Div。选择要对齐的所有 AP Div，执行菜单项"修改"→"排列顺序"，然后选择对齐选项。需要注意的是，选定对齐方式后，所有选定的 AP Div 都将移动，所选定的对齐方式将遵循其他 AP Div 与最后一个选定的那个 AP Div 的边进行对齐的原则。

步骤 6 将该 AP Div 移到合适的位置，并向 AP Div 中插入"module06\div\shuidi.swf"文件，如图 6-11 所示。

步骤 7 单击选择插入的 Flash 动画，单击"属性"面板，设置"Wmode"为"透明"，如图 6-12 所示。

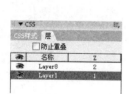

图 6-8 "层"面板

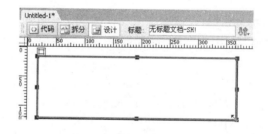

图 6-9 调整 AP Div 的大小

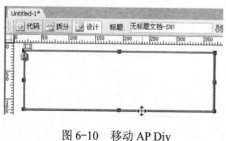

图 6-10 移动 AP Div

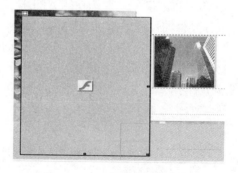

图 6-11 插入 Flash

图 6-12 "属性"面板

步骤 8　保存文档，按下<F12>键，使用 IE 浏览网页效果，如图 6-13 所示。

图 6-13　插入 Flash 效果

本例包含创建 AP Div 并向该 AP Div 中插入 Flash 动画，修改 AP Div 的高度属性值并把 AP Div 定位到合适位置，对 AP Div 进行调整大小、移动、对齐、隐藏 AP Div 等操作。

下面详细讲解相关知识点。

1. 设置 AP Div 的属性

AP Div 的属性设置主要通过如图 6-14 所示的 AP Div "属性" 面板实现。

图 6-14　AP Div "属性" 面板

AP Div "属性" 面板各属性含义如下。

1）层编号：在其下面的下拉列表中，可以指定一个名称来标识 AP Div，在文本框中可以输入 AP Div 名，AP Div 名只能使用英文字母和数字，不能使用特殊字符。

2）左和上：在文本框中输入相应数值使得 AP Div 进行位置定位，指定 AP Div 相对于页面或者嵌套的父 AP Div 左上角的位置，"左" 指定距左边的像素数，"上" 指定距顶边的像素数。

3）宽和高：在文本框中，设置 AP Div 的宽度和高度。

4）Z 轴：指定 AP Div 的堆叠顺序号，标号较大的 AP Div 出现在标号较小的 AP Div 上面。

5）可见性：在其右边的下拉列表中设置 AP Div 的 4 种显示模式。default 表示默认值，即不指定 AP Div 的可见性属性。inherit 表示继承，当对嵌套 AP Div 应用时，将使用父级 AP

Div 的可见性属性。visible 表示可见，无条件显示。hidden 表示隐藏，绝对隐藏 AP Div 以及 AP Div 中的内容。

6）溢出：仅适用于 CSS AP Div，指定如果 AP Div 中的内容超过了 AP Div 的大小，将发生的事件。此处有 4 种选择模式。visible 表示可见，增加 AP Div 的大小，以便 AP Div 里的所有内容都可见，AP Div 自动向下和向右扩大。hidden 表示隐藏，保持 AP Div 的大小不变，裁剪掉与 AP Div 大小不符的任何内容。scroll 表示滚动，无论内容是否超出 AP Div 的大小，为 AP Div 添加滚动条。auto 表示自动，在 AP Div 的内容超过 AP Div 的大小时自动显示滚动条，否则不显示滚动条。

7）背景颜色：指定 AP Div 的背景颜色。

8）背景图像：为该 AP Div 指定背景图像。

9）左、右、上、下：定义 AP Div 的可见区即设置 AP Div 的边距，分别通过左、右、上、下属性值来设置。

10）类：表示对 AP Div 应用 CSS 样式。

2．调整移动 AP Div

调整 AP Div 是把鼠标悬放到 AP Div 边框选择点上，当鼠标变成"双向箭头"光标时，按住鼠标左键拖动鼠标，调整到合适的大小即可。

移动 AP Div 是选中要移动的 AP Div，把鼠标悬放到 AP Div 的边框，当鼠标变成"十字双向箭头"光标时，按住鼠标左键把 AP Div 拖到合适的位置松开鼠标即可。

3．对齐 AP Div

选择要对齐的所有 AP Div，执行"修改"→"排列顺序"命令，然后选择对齐选项。

4．嵌套 AP Div

所谓嵌套 AP Div 其实就是在 AP Div 中插入 AP Div，可以通过 AP Div 面板或者插入、拖放、绘制等方式创建嵌套 AP Div。嵌套 AP Div 将和被嵌套的 AP Div 一起移动，并且嵌套 AP Div 仍然可以继续嵌套 AP Div。本例在 Layer8 AP Div 里面嵌套一个 Layer10 AP Div，又在 Layer10 AP Div 里嵌套了 Layer11 AP Div，如图 6-15 所示。嵌套 AP Div 的"层"面板，标识出了各 AP Div 的嵌套关系，如图 6-16 所示。

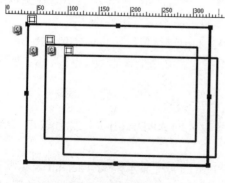

图 6-15　嵌套 AP Div

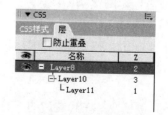

图 6-16　嵌套 AP Div 的"层"面板

注意

1）嵌套 AP Div 不一定是嵌套 AP Div 必须位于被嵌套 AP Div 中，嵌套 AP Div 的实质应该是一 AP Div 的 HTML 代码嵌套在另一 AP Div 的 HTML 代码中。

2）嵌套 AP Div 会随它的父 AP Div 移动而移动，当然也会随其父 AP Div 的父 AP Div 的移动而移动。

5．改变 AP Div 的可见性

执行"窗口"→"AP Div"命令或直接按<F2>键，打开如图 6-17 所示的"层"选项卡。"层"选项卡显示了当前网页中的所有 AP Div 以及它们的显示状态，打开的"眼睛"图标表示 AP Div 是可见的，关闭的"眼睛"图标表示该 AP Div 不可见，如果没有"眼睛"标识，则表示此 AP Div 继承父 AP Div 的可见性。

图 6-17 显示或隐藏 AP Div

子任务 3　转化表格和 AP Div

在进行网页布局时，可以先用 AP Div（层）来设计页面，然后使用 AP Div 到表格功能，把 AP Div 转化为表格。同样也可以通过表格到 AP Div 功能把表格转化为 AP Div。本例用了 4 个 AP Div 进行网页布局，如图 6-18 所示。

步骤

步骤 1　新建一个网页，绘制 4 个 AP Div（层），如图 6-18 所示。

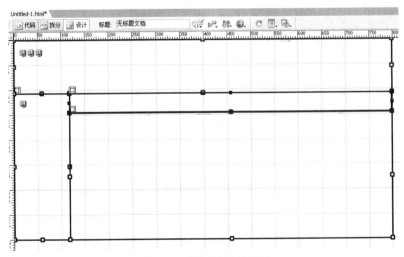

图 6-18　用层设计的页面

步骤 2　接下来执行"修改"→"转换"→"AP Div 到表格"命令，会弹出"转换层为表格"对话框，如图 6-19 所示。

信息卡

"转换层为表格"对话框各属性含义如下。

1）"表格布局"中的选项如下。

➤ "最精确"：为每一层建立一个表格单元以及为保持层与层之间的间隔必须建立的附件单元格。

➤ "最小：合并空白单元"：指定如果几个层被定位在指定的像素数之内，这些层的边缘应该对齐。

➤ "使用透明GIF"：用透明的GIF图像填充表格的最后一行。

➤ "置于页面中央"：选择此项使生成的表格页面居中对齐。默认为左对齐。

2）"布局工具"中的选项如下。

➤ "防止层重叠"：选择此项可防止层重叠。

➤ "显示层面板"：选择此项转换完成将显示层面板。

➤ "显示网格"：选择此项转换完成将显示网格。

➤ "靠齐到网格"：选择此项将启用对齐网格功能。

步骤 3　按照如图 6-20 所示，选择各项，单击"确定"按钮，AP Div 布局页面转换为表格布局页面，如图 6-21 所示。

注意

如果绘制的层中有层之间相互重叠，那么将不能将层转换为表格，如图 6-22 所示。

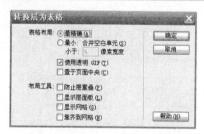

图 6-19　"转换层为表格"对话框

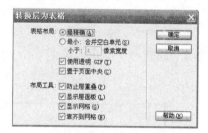

图 6-20　设置各选项

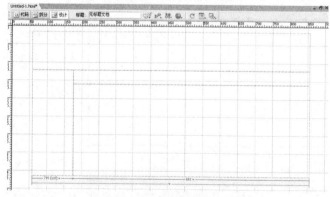

图 6-21　转换为表格布局页面

图 6-22　交迭的层不能转化为表格

任务二 框 架 使 用

子任务 1 框架和框架集的工作方式

框架的作用就是把浏览器窗口分割成若干个区域，每个区域可以分别显示不同的网页内容。框架的常见用途就是导航。应用框架在制作一些功能性比较强的网页时有很大的优势，例如，目前一些网站的管理后台都是用框架来制作的，这样操作方便，不用每次单击链接刷新整个网页。Dreamweaver 可以在一个"文档"窗口中查看和编辑与一组框架关联的所有文档。每一框架会显示一个单独的 HTML 文档。

框架创建和框架集创建的过程是同步的，只要创建了框架就创建了框架集，有了框架集就必然存在框架。如果某个页面被分成两个框架，那么它实际是由一个框架集和两个框架而组成的。使用框架的常见情况是：一个框架显示包含导航控件的文档，而另一个框架显示包含内容的文档。如果一个站点在浏览器中显示为包含三个框架的单个页面，则它实际上至少由 4 个 HTML 文档组成：框架集文件以及三个文档，这三个文档包含最初在这些框架内显示的内容。在 Dreamweaver 中设计使用框架集的页面时，必须保存所有这 4 个文件，该页面才能在浏览器中正常显示。

子任务 2 框架和框架集的使用

1. 创建框架和框架集

创建框架和框架集可以使用以下操作方法。

步骤

步骤 1 启动 Dreamweaver，将插入点放在文档中并执行下列操作之一：

➤ 选择"插入"→"HTML"→"框架"，并选择预定义的框架集。

➤ 在"插入"面板的"布局"类别中，单击"框架"按钮上的下拉箭头，然后选择预定义的框架集。框架集图标提供应用于当前文档的每个框架集的可视化表示形式。框架集图标的蓝色区域表示当前文档，而白色区域表示将显示其他文档的框架。

步骤 2 选择"上方及左侧嵌套"，这时会弹出"框架标签辅助功能属性"对话框，如图 6-23 所示，可以为几个框架重新命名新名字。单击"确定"按钮后，嵌套框架即可创建成功，如图 6-24 所示。

如果系统预定义的框架集都无法满足设计者的要求，也可以通过自定义方式创建框架集，而在创建框架集前，需要进行下面的步骤：

1）单击菜单项"查看"→"可视化助理"→"框架边框"，使框架边框在文档窗口可以显示，如图 6-25 所示。

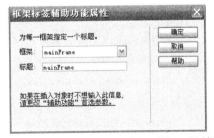

图 6-23 "框架标签辅助功能属性"对话框

图 6-24　创建好的框架集

图 6-25　查看框架边框

2）单击要拆分的框架，执行"修改"→"框架集"→"拆分左框架/右框架/上框架/下框架"命令，如图 6-26 所示。用户可以根据需求随意拆分框架。

图 6-26　执行拆分框架命令

信息卡

自定义框架集的创建也可以通过拖拽框架的方法来实现，拖拽框架的最外边缘来形成新的框架，如图 6-27～图 6-30 所示。

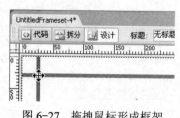

图 6-27　拖拽鼠标形成框架

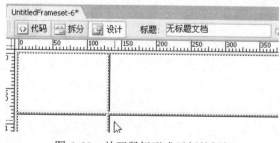

图 6-28　放开鼠标形成了新的框架

图 6-29 拖拽到框架的最边缘

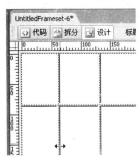
图 6-30 放开鼠标又形成了新的框架

2．选择框架和框架集

在文档窗口的设计视图中，在选定了一个框架后，其边框被虚线显示出来；在选定了一个框架集后，该框架集内的各框架的所有边框都将会被虚线显示。

选择框架和框架集有以下两种方法，一种是在"框架"面板中选择框架和框架集；另一种是在文档窗口中选择框架和框架集。

1）选择菜单项"窗口"→"框架"，将打开"框架"面板，如图 6-31 所示。在"框架"面板中单击被环绕的框架的边框即可选择框架，如图 6-32 所示。单击环绕框架的边框，即可选择该框架集，如图 6-33 所示。

2）在文档窗口中，将光标置于需要选中的框架中，按住<Alt>键并单击鼠标左键即可选中框架；在文档窗口中单击某个框架边框，可选择该框架所属的框架集。

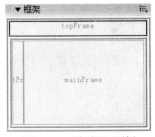
图 6-31 "框架"面板

图 6-32 选中框架

图 6-33 选中框架集

3．保存框架和框架集文件

保存框架文件：框架文件实际上就是在框架内打开的网页文件。要保存框架文件，在框架内单击，然后选择菜单项"文件"→"保存"即可。

保存框架集文件：只保存框架集文件，可以选择菜单项"文件"→"保存框架集"；或选择菜单项"文件"→"框架集另存为"，把框架集另存为新文件。

子任务 3 设置框架和框架集的属性

1．设置框架集属性

创建框架集以后，可以通过"属性"面板设置框架集的属性，选中一个框架集后，打开"属性"面板，如图 6-34 所示。

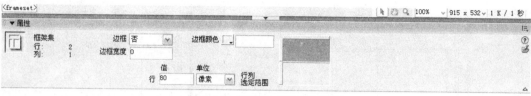

图 6-34 框架集 "属性" 面板

信息卡

框架集 "属性" 面板各属性含义如下。

1） 边框： 在其右边的下拉列表中设置浏览时是否显示框架的边框，有 3 种选项： 是、否、默认。

2） 边框颜色： 设置框架集的边框颜色。

3） 边框宽度： 设置框架集的边框的宽度，0 表示无边框。

4） 行列选定范围： 在其右侧的行列选择区中单击 "行" 或 "列" 然后设置选定的行或列的大小。

5） 行/列：

➢ 值： 设定 "行" 或 "列" 的大小。

➢ 单位： 有 3 种选择，即像素、百分比、相对。像素适用于需要固定大小的框架；百分比指当前框架行或列占框架集高度或宽度的百分比；相对指当前框架行或列相对于其他行或列所占的比例。

2. 设置框架的基本属性

步骤

步骤 1 创建一个预定义的框架集，如图 6-35 所示，将光标置于任何一个框架中。

图 6-35 将光标置于框架中

步骤 2 使用框架 "属性" 面板可以查看和设置框架属性，包括命名框架、设置边框和边距、设置框架背景色、在框架中设置链接。框架 "属性" 面板如图 6-36 所示。

图 6-36 框架 "属性" 面板

信息卡

框架 "属性" 面板各属性含义如下。

1） 框架名称： 在该文本框中输入该框架的名称。

2） 源文件： 指定在该框架中显示网页的源文件路径。

3）边框：在其右边的下拉列表中设置浏览时是否显示框架的边框，有3种选项：是、否、默认。

4）滚动：表示此框架是否显示滚动条，有4种选项，分别为"是"（表示显示）、"否"（表示不显示）、"自动"（只有当框架中的内容超过框架的大小时才显示滚动条）、"默认"（由浏览器自动决定是否显示滚动条）。

5）不能调整大小：勾选此复选项，表示在网页浏览时，浏览者不能调整框架的大小。

6）边框颜色：设置此框架的边框颜色。

7）边界宽度/边界高度：设置框架里的内容和框架边框上下/左右的距离。

步骤 3 执行菜单中"修改"→"页面属性"命令，打开"页面属性"对话框，在该对话框"分类"列表中选择"外观"，并将"背景颜色"设置成"#0000FF"，如图 6-37 所示。

步骤 4 单击"确定"按钮，修改框架的背景颜色，如图 6-38 所示。

步骤 5 制作导航菜单。在左侧框架中输入文本以便建立链接"导航"，如图 6-39 所示。

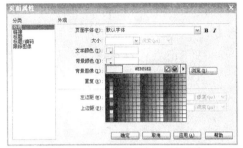

图 6-37 "页面属性"对话框

步骤 6 在框架中设置链接。在左边的框架"导航"菜单中选择需要设置的链接文字"第二章"，如图 6-40 所示。在如图 6-41 所示的"属性"面板中的"链接"文本框中设置链接，然后单击"链接"右侧的"浏览文件"图标按钮，会弹出浏览文件的对话框，选择本地的网页文档，也可以选择图片、其他格式的文档，或者可以直接在"URL"中输入链接的网址。此例我们选择链接一幅图片。在"目标"下拉列表中有 4 个选项，如图 6-42 所示，分别是 _blank、_parent、_self、_top，其他的选项均为框架名称。

1）_blank：在一个新的窗口打开链接文档。

2）_parent：在当前框架的直接父框架中打开链接文档，如果当前框架没有父框架，则等同于_self。

3）_self：在当前框架中打开链接文档。

4）_top：在原来顶部的浏览器窗口中打开链接文档。

图 6-38 修改框架的背景颜色

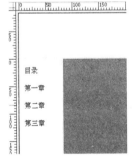

图 6-39 制作链接"导航"

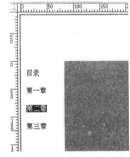

图 6-40 选择需要设置链接的文本

图 6-41 "属性"面板

图 6-42 "目标"选项

为了使单击链接文字时能在右边的框架中打开，此处选择右边框架的名称"mainFrame"选项。

步骤 7 在浏览器中观看效果，并保存全部文档。按<F12>键进行浏览，当单击设置链接的文字后，右边框架的位置将显示在"链接"中设置的链接文档，如图 6-43 所示。

图 6-43 效果图

子任务 4 使用框架创建网页实例

下面介绍如何运用框架技术进行网页的布局排版。创建完整框架网页的具体操作步骤如下。

步骤

步骤 1 执行"插入"→"HTML"→"框架"→"对齐上缘"命令，嵌套框架创建成功，如图 6-44 所示。

步骤 2 执行"文件"→"保存全部"命令，打开"另存为"对话框，整个框架集出现阴影框，在文件名文本框中输入"index.htm"，单击"保存"按钮，打开第 2 个"另存为"对话框，底部框架出现阴影框，在文件名文本框中输入"main.htm"，单击"保存"按钮，打开第 3 个"另存为"对话框，顶部框架出现阴影框，在文件名文本框中输入"top.htm"，单击"确定"按钮，框架保存完毕。

步骤 3 将光标置于顶部框架中，执行"修改"→"页面属性"命令，打开"页面属性"对话框，在此对话框中，将"左边距""上边距"分别设置为"0 像素"，最后单击"确定"按钮，如图 6-45 所示。

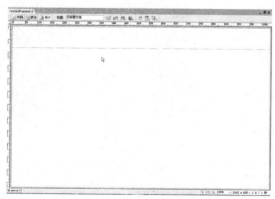

图 6-44 创建好的框架集

图 6-45 "页面属性"对话框

124

步骤 4 执行"插入"→"表格"命令，插入一个 2 行 1 列的表格，在第 2 行单元格中插入一个 1 行 5 列的表格，给不同的单元格设置背景图像，输入相关文字。如图 6-46 所示，此页眉区已经设置完毕。

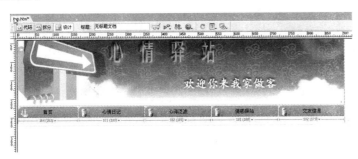

图 6-46 设计好的顶部框架页面 top.htm

步骤 5 将光标置于底部框架中，执行"修改"→"页面属性"命令，打开"页面属性"对话框，在此对话框中，将"左边距""上边距"分别设置为"0 像素"。然后单击"确定"按钮，确定修改页面属性。

步骤 6 插入一个 2 行 2 列的表格，给不同的单元格设置背景图像，输入相关文字。如图 6-47 所示，此正文区已经设置完毕。

步骤 7 保存文档，按<F12>键预览，效果如图 6-48 所示。

图 6-47 设计好的底部框架页面 main.htm

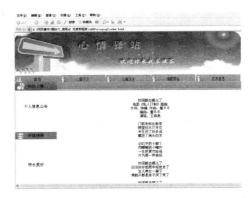

图 6-48 框架页面效果

学 材 小 结

理论知识

1）页面布局是进行网页设计最基本的，也是最重要的工作之一。Dreamweaver CS6 中常用表格、布局表格、＿＿＿＿＿＿＿、＿＿＿＿＿＿＿等来进行页面的布局。

2）AP Div 是一种网页元素定位技术，使用 AP Div 可以以＿＿＿＿＿＿为单位精确定位页面元素。AP Div 的位置比较随意，可以放到网页的任意位置。

3）创建 AP Div 可以使用以下操作：执行"插入"→"布局对象"→_____命令。

4）隐藏 AP Div 是通过把 AP Div 属性面板中_____属性值修改为_____。

5）时间轴是根据_____的流逝移动_____位置的方式显示动画效果的一种动画编辑界面，在时间轴中包含了制作动画时所必须的各种功能。

6）框架是浏览器窗口中的一个_____，它可以显示与浏览器窗口的其余部分中所显示内容无关的 HTML 文档。框架的作用就是把浏览器窗口分割成若干个_____，每个区域可以分别显示不同的网页内容。

7）框架有两个部分组成，即_____和_____。框架集是一个文档内定义的一组框架结构的 HTML 网页，它定义了一个网页中所包含的框架的数目、每一个框架的大小、载入框架的网页源和每个框架的其他属性等。

实训任务

实训 利用 AP Div 制作下拉菜单

【实训目的】

掌握 AP Div 的基本操作和属性设置。

【实训内容】

按照图 6-49 所示使用 AP Div 制作 5 个下拉菜单。利用"行为动作"制作出当鼠标悬停在元素上时显示或者隐藏特指 AP Div 里的内容。

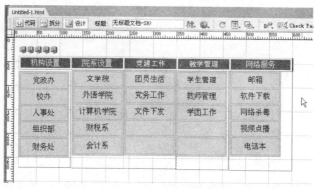

图 6-49 制作下拉菜单实例

【实训步骤】

步骤

步骤 1 插入表格，创建导航菜单。插入一个 1 行 5 列的表格，表格边框设置为 1，在每一个单元格中输入菜单名字，如"机构设置""院系设置"等内容，单元格属性设置如图 6-50 所示。

步骤 2 在导航菜单下每一个单元格下面分别绘制 5 个 AP Div。其中导航菜单中最左边的单元格对应 AP Div1，依次向右对应 AP Div2、AP Div3、AP Div4、AP Div5。

步骤 3 在每个 AP Div 中插入一个 5 行 1 列的表格，表格属性设置如图 6-51 所示。分别输入相关下拉列表中的内容。

图 6-50　单元格属性设置

图 6-51　表格属性设置

步骤 4　选中表格中"机构设置"这一单元格，将光标置于该单元格中，然后单击状态栏中的<td>标签。接着单击"行为"面板上的"添加行为"图标按钮，如图 6-52 所示，然后选择"Show-Hide Elements"选项，如图 6-53 所示，在弹出的"Show-Hide Elements"对话框中进行设置，选中"div'apDiv1'"，然后单击"Show"按钮，接着分别选择其余的"div'apDiv2'"等选项，最后单击"Hide"按钮，如图 6-54 所示。

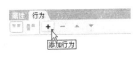

图 6-52　添加行为

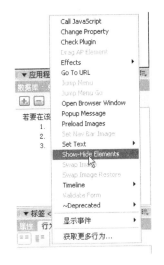

图 6-53　"Show-Hide Elements"选项

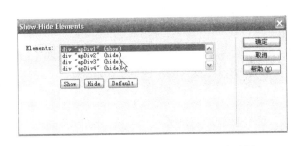

图 6-54　"Show-Hide Elements"对话框

步骤 5　单击图 6-54 中的"确定"按钮，然后将事件设置为"onMouseOver"，如图 6-55 所示。

步骤 6　重复步骤 4 和步骤 5，给其他的导航菜单单元格添加行为动作。注意：添加的时候要一一对应，即相应的单元格要对应相应的 AP Div。

步骤 7　为了让在鼠标不放置在表格上时下拉菜单项消失，还需要给其他的表格添加行为动作，选中最左边的表格，单击"行为"面板上的"添加行为"图标按钮，如图 6-52 所示，然后选择"Show-Hide Elements"菜单项，在弹出的"Show-Hide Elements"对话框中进行设置，即将所有的 AP Div 都隐藏，单击"确定"按钮继续，将事件设置为"onMouseOver"。其他 4 个表格进行相同的操作。

步骤 8　保存文档，按<F12>键预览，效果如图 6-56 所示。

图 6-55 将事件设置为"onMouseOver"

图 6-56 浏览网页下拉菜单效果

 拓展练习

1）使用 AP Div 面板创建嵌套 AP Div 并修改 AP Div 的堆叠顺序。

2）使用框架制作一本有目录导航的电子书。

模块七

使用 Div+CSS 布局并美化网页

本模块导读

　　Div+CSS 的标准叫法应是 XHTML+CSS，是一种网页布局方法，通过它可以实现网页页面内容与表现相分离，即 CSS 在网页制作开始时，可以先设定一些常用标签，如颜色、字体大小、框线粗细等，从而不用反复写入同样的标签。

　　本模块通过对 Div+CSS 的基本概念的学习，结合实例的讲解，来掌握其使用方法。

本模块要点

● CSS 盒模式

● CSS 布局方式

● 用 CSS 创建的导航菜单

● 绝对定位与相对定位

任务一 CSS 的基础概念

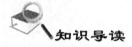

知识导读

CSS 是层叠样式表（Cascading Style Sheets）的缩写，用于定义 HTML 元素的显示形式。是 W3C（万维网联盟）推出的格式化网页内容的标准技术。

以前在制作网站时，因为面对的是固定的接收设备，如计算机，所以大部分格式是一成不变的。但随着技术的不断革新与发展，浏览网页的设备也在发生着变化，且不断增多，现在优先考虑的是网页显示设备。因此，由 Div+CSS 布局的且结构良好的网页可以通过 CSS 定义成任何外观，在任何网络设备上（包括手机、PDA 和计算机）以任何外观形式表现出来，而且用 Div+CSS 布局构建的网页能够简化代码，加快显示速度。

要想学好 Div+CSS，首先要摒弃传统意义的表格（Table）布局方式，采用层（Div）布局，并且使用层叠样式表（CSS）来实现网页页面的外观设计，从而使网站浏览者有更好的体验。

子任务 1 了解 CSS 样式

加载 CSS 样式有 4 种：外部样式、内部样式、行内样式、导入样式。

外部样式是把 CSS 单独写到一个 CSS 文件内，然后在源代码中以 link 方式链接。它的好处是不但本页可以调用，其他页面也可以调用，是常用的一种形式。

```
<link href="layout.CSS" rel="style sheet" type="text/CSS" />
```

内部样式是以<style>开头，</style>结尾，写在源代码的<head>标签内。这样的样式表只针对本页有效，不能作用于其他页面。

```
<style>
h1{ color:#000;}
</style>
```

行内样式则是在标签内以 style 标记的，且只针对于标签内的元素，因其没有和内容相分离，所以不建议使用。

```
<p style="font-size:18px;">内部样式</p>
```

导入样式是以@import url 标记所链接的外部样式表，它常用在另一个样式表内部。例如，layout.CSS 为主页所用样式，此时可以把全局都需要用的公共样式放到一个 global.CSS 文件中，然后在 layout.CSS 中以@import url（"/CSS/global.CSS"）的形式链接全局样式，这样就会使代码达到很好的重用性。

```
@import url ("/CSS/global.CSS");
```

子任务 2　了解 CSS 优先级

所谓 CSS 优先级，是指 CSS 样式在浏览器中被解析的优先顺序。

1）id 优先级高于 class。

2）后面的样式覆盖前面的样式。

3）指定的样式高于继承的样式。

4）行内样式高于内部样式或外部样式。

信息卡

单一的（id）高于共用的（class），有指定的用指定的样式，无指定则延用离它最近的样式。

子任务 3　了解 CSS 盒模型

CSS 盒模型是学习了解 CSS 的重点。需要注意的是，CSS 盒模型与传统的 Table 布局是不同的。学习 Div+CSS，首先要清楚地理解盒模型的定义，因为它是 Div 排版的核心。传统 Table 布局是通过不同的表格与表格嵌套来定位编排网页内容的，而 CSS 布局，则是通过由 CSS 定义的盒子和盒子嵌套来编排网页的，这种排版方式的网页代码简单明了，维护方便，表现和内容相分离，能兼容很多的浏览设备，如 PDA 设备。

在这个盒子中，包含网页设计中常用的属性名：内容（content）、填充（padding）、边框（border）、边界（margin），但又有所不同，不同之处如图 7-1 所示。

我们可以将该图想象成一个俯视的开口的盒子，内容就是我们所购买的物体所占的空间；填充则是防止物体磕碰的泡沫所占的空间；边框则是盒子本身的厚度；边界则是这个盒子与外围所留的空隙，即方便将盒子取出的空间。

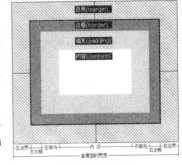

图 7-1　盒模型

从图 7-1 可知，盒模型在页面中所占的宽度=左边界+左边框+左填充+内容+右填充+右边框+右边界，而 CSS 样式中 width 所定义的宽度仅仅是内容部分的宽度。

这里的边界也称为：外边距、外补丁；填充也称为：内边距、内补丁。

任务二　如何用 CSS 布局

子任务 1　如何布置单限定宽度的网页

1. 插入 Div 标签

在网页中插入 Div 标签的操作步骤如下：

步骤

步骤1 执行"文件"→"新建"命令，新建网页文件。

步骤2 选择菜单栏中"插入"→"布局对象"→"Div 标签"命令，如图 7-2 所示。或选择"插入"窗体，然后单击"插入 Div 标签"图标按钮，如图 7-3 所示。

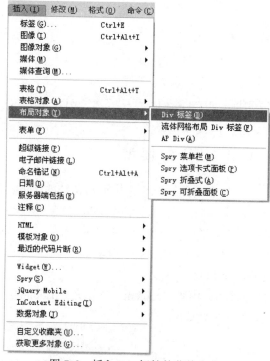

图 7-2 插入 Div 标签的菜单命令

图 7-3 插入 Div 标签的图标按钮

信息卡

如果没有看到"插入 Div 标签"图标按钮，可选择菜单栏中的"窗口"→"插入"。

步骤3 在打开的对话框中，在 ID 项中给 Div 创建一个名称，称为 test7-1（可根据需要命名），如图 7-4 所示。

2. 新建 CSS 规则

CSS 可将网页的样式和内容完全分离，因此修改 CSS 样式表可达到更新整个网站的目的。建立 CSS 规则的具体操作如下：

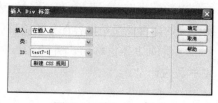

图 7-4 插入 Div 标签

步骤

步骤1 选择要创建 CSS 规则的 Div。

步骤2 在"CSS 样式"面板上，单击"新建 CSS 规则"图标按钮，如图 7-5 所示，出现"新建 CSS 规则"对话框，如图 7-6 所示。

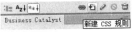

图 7-5 "CSS 样式"面板

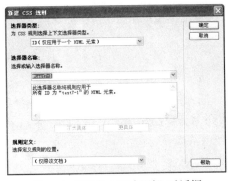

图 7-6 "新建 CSS 规则"对话框

步骤 3 采用默认值后,单击"确定"按钮,出现"#test7-1 的 CSS 规则定义"对话框,如图 7-7 所示。在该对话框中选择"分类"中的"方框"选项,并设定 Width(W)为 300 像素、Height(H)为 200 像素。再在"分类"列表中选择"背景",设定(Background-color)背景颜色为"#F90"(该值可任选),最后单击"确定"按钮如图 7-8 所示。

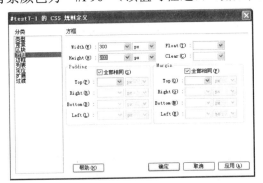

图 7-7 方框选项

图 7-8 背景选项

步骤 4 执行"文件"→"保存"命令,保存文件。单击"预览"按钮,查看在浏览器中的显示效果,这就是一列限定宽度,如图 7-9 所示。CSS 代码如下:

```
<style type="text/css">
#test7-1 {
    background-color: #F90;
    height: 200px;
    width: 300px;
}
</style>
```

图 7-9 一列限定宽度网页

子任务 2 如何布置多列宽度的网页

1. 两列自适应宽度的网页

两列自适应宽度,一般指左列固定、右列自适应。因为 Div 为块状元素,默认情况下占据一行的空间,如何使 Div 显示于右侧,这就需要借助 CSS 的浮动功能来实现。在网页中如何实现两列自限定宽度的显示，具体操作步骤如下。

步骤

步骤 1 执行"文件"→"新建"命令，新建网页文件。

步骤 2 插入一个 Div 标签，ID 项命名为"left-div"，如图 7-10 所示。再插入一个 Div 标签，ID 项命名为"right-main"，如图 7-11 所示。HTML 代码如下：

```
<div id="left-div">此处显示 id "left-div" 的内容</div>
<div id="right-main">此处显示 id "right-main" 的内容</div>
```

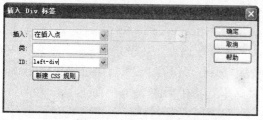

图 7-10　left-div 标签

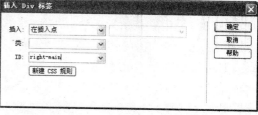

图 7-11　right-main 标签

插入 Div 标签后，在设计视图中显示如图 7-12 所示。

图 7-12　在设计视图中显示

步骤 3 选择"left-div"，单击"新建 CSS 规则"图标按钮，出现如图 7-13 所示的"新建 CSS 规则"对话框，单击"确定"按钮，在出现的"# left-div 的 CSS 规则定义"对话框中选择"方框"，输入 Width（W）值为 150px，Height（H）值为 300px，Float（T）为"left"（左对齐），如图 7-14 所示。

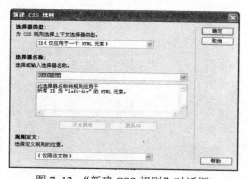

图 7-13　"新建 CSS 规则"对话框

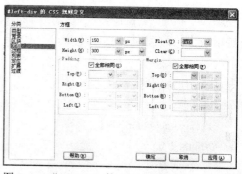

图 7-14　"# left-div 的 CSS 规则定义"对话框

上述数值改变后，在设计视图中显示效果如图 7-15 所示。

步骤 4 选择"right-main"，单击"新建 CSS 规则"图标按钮，在出现的"新建 CSS 规则"对话框中单击"确定"按钮，在出现的"#right-main 的 CSS 规则定义"对话框中选择"方框"，设置 Width（W）值为 70%，Height（H）值为 300px，Margin（外边距）中的 Left（E）值为 150px，如图

图 7-15　在设计视图中显示效果

7-16 所示。此步骤同步骤 3 类似。

输入上述数值后，设计视图中显示效果如图 7-17 所示。

图 7-16 "#right-main 的 CSS 规则定义"对话框

图 7-17 在设计视图中显示效果

信息卡

当拖动浏览器窗口使之变大或变小时，# right-main 的宽度也会跟着改变。

步骤 5 为了便于查看，还可以设置背景色。选择 "left-div"，在"属性"面板中选择"编辑规则"，如图 7-18 所示。在出现的"# left-div 的 CSS 规则定义"对话框中选择"背景"，在 Background-color（背景色）中选择任意颜色，这里输入"#F60"，如图 7-19 所示。

图 7-18 "属性"面板中更改 CSS 规则

同上，在"# right-main 的 CSS 规则定义"对话框中修改背景颜色为"#FC6"。然后执行"文件"→"保存"命令，保存文件。

最后在浏览器中预览，如图 7-20 所示。

图 7-19 "# left-div 的 CSS 规则定义"对话框

图 7-20 在浏览器中的显示效果

 注意

#left-div 的浮动是向左浮动，#right-main 的边框的左边距是 150px，正好是#left-div 的宽度。如果将#right-main 的边框的左边距改为 152px，又会发生什么变化呢？读者可自行设置并查看效果。

代码显示如下：

```
<style type="text/CSS">
#left-div {
        float: left;
        height: 300px;
        width: 150px;
        background-color: #F60;
}
#right-main {
        height: 300px;
        width: 70%;
        margin-left: 150px;
        background-color: #FC6;
}
</style>
</head>


<body>
<div id="left-div">此处显示    id "left-div" 的内容</div>
<div id="right-main">此处显示    id "right-main" 的内容</div>
```

2. 两列固定宽度的网页

通过对两列自适应宽度网页的设置方法的学习，可以清楚地明白如何设置两列固定宽度的网页，只需要对#right-main 的宽度进行调整，由百分比改为固定值，如图 7-21 所示。

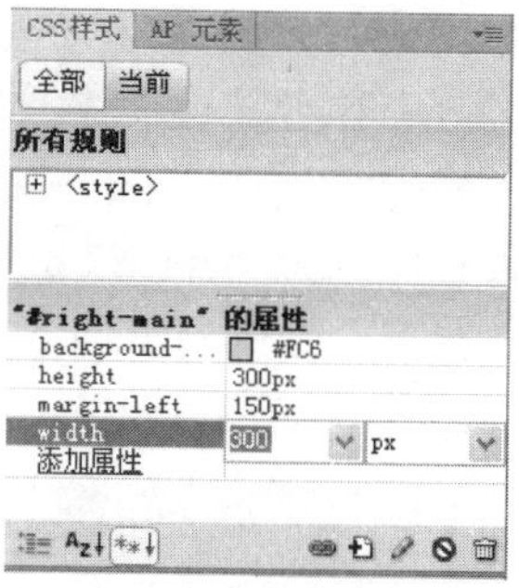

3. 两列固定宽度且居中显示

设置两列固定宽度居中，则是在两列固定宽度的基础上，给这两个固定宽度的 Div 加一个父 Div。具体操作如下：

图 7-21 "CSS 样式"面板中修改属性值

步骤

步骤 1 在源代码里选中这两个固定宽度的 Div 的代码后，单击"插入 Div 标签"图标按钮，如图 7-22 所示，然后填写 ID 为"parent"后，单击"确定"按钮，得到如下的代码：

图 7-22 插入父 Div

```
<div id="parent">
<div id="left-div">此处显示 id "left-div" 的内容</div>
<div id="right-main">此处显示 id "right-main" 的内容</div>
</div>
```

信息卡

选择 Div 块的方法有多种, 可以框选代码, 也可以框选设计视图里的块元素。

步骤 2 设置#parent 的样式。通过对块结构的理解, 可知#parent 的宽度是#left-div 的宽度 (150px) 和#right-main 宽度 (300px) 之和, 这样就可以设置#parent 居中了, 主要设置外边距 (Margin) 的左 (Left)、右 (Right) 为自动 (auto), 如图 7-23 和图 7-24 所示。

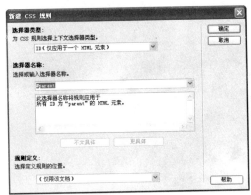

图 7-23 "新建 CSS 规则" 对话框

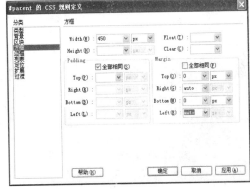

图 7-24 #parent 的 CSS 规则定义

步骤 3 执行 "文件" → "保存" 命令, 保存文件。在浏览器中预览, 如图 7-25 所示。

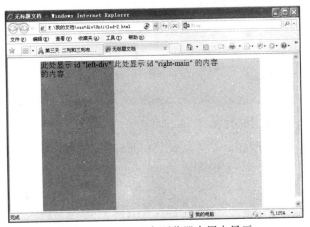

图 7-25 #parent 在浏览器中居中显示

信息卡

之所以选择左、右为自动, 读者可以理解为左自动是左对齐, 右自动是右对齐, 左右都自动则是左右都需要对齐显示。

上述例子的代码显示如下：

```
#left-div {
        float: left;
        height: 300px;
        width: 150px;
        background-color: #F60;
}
#right-main {
        height: 300px;
        width: 300px;
        margin-left: 150px;
        background-color: #FC6;
}
#parent {
        width: 450px;
        margin-top: 0px;
        margin-right: auto;
        margin-bottom: 0px;
        margin-left: auto;
}
</style>
</head>


<body>
<div id="parent">
    <div id="left-div">此处显示   id "left-div" 的内容</div>
    <div id="right-main">此处显示   id "right-main" 的内容</div>
</div>
```

4. 块级元素（div）与内联元素（span）

块级元素：顾名思义，就是一个方块，类似于段落，默认情况下是占据一行出现。诸如段落<p>，标题<h1>、<h2>…，列表<ul>、<ol>、<li>，表格<table>，表单<form>，DIV<div>和 BODY<body>等元素。

内联元素：又称行内元素，只能放在行内，类似于单词，不会造成前后换行，起辅助作用。例如：表单元素<input>、超链接<a>、图像<img>、<span> ……

块级元素最显著的特点就是：每个块级元素都是从新的一行开始显示，而且它后面的其他元素也需另起一行进行显示,因为块级元素已经占据了这一整行,其他元素没有足够的空间显示。

可以通过实例更好地理解，代码如下：

```
<body>
<h1>h1 的内容</h1>
```

```
<div>第一个 div 的内容</div>
<div>第二个 div 的内容，<span>第二个 div 内容里的 span,</span><em>第二个 div 里的 em</em></div>
</body>
```

执行代码后的结果如图 7-26 所示。

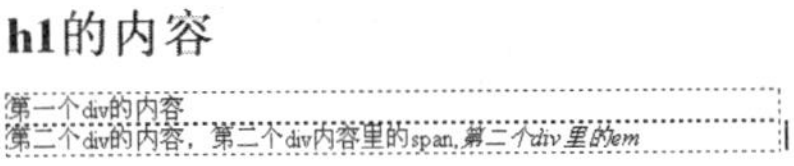

从图 7-26 可以看出，块级元素默认占据一行，等同于在这个块级元素的前后各插入了一个换行符；而内联元素 span 没有对显示效果造成任何影响，即它没有换行效果。em 是让字体变成了斜体，也没有单独占据一行。这就是块级元素和内联元素的不同之处。而它们的作用就是使浏览网页更具可观性。

h1的内容

第一个div的内容
第二个div的内容，第二个div内容里的span,*第二个div里的em*

图 7-26　块级元素与内联元素的显示

CSS 的作用，是使块级元素不会顺序地以每次另起一行的方式一直往下排。而是可以把块级元素摆放到用户想要的任意位置上。可以利用 CSS 中的 display:inline 将块级元素改为内联元素，也可以用 display:block 将内联元素改为块级元素。

5. 浮动（float）属性

在 CSS 中，任何元素都可以浮动。浮动元素会生成一个块级框，而无论它本身是何种元素，都要指明一定的宽度，否则它会尽可能窄。此外，当浮动的空间小于浮动元素的宽度时，它会下移，直到拥有足够的空间。如何更好地理解浮动属性，可以查看如下具体操作。

步骤

步骤 1　执行"文件"→"新建"命令，新建网页文件。

步骤 2　插入一个 Div 标签，ID 项命名为"left"，再插入一个 Div 标签，ID 项命名为"right"。

HTML 代码如下：

```
<div id="left"><img src="file:///C|/200812518141530_2.jpg" width="150" height="100" /></div>
<div id="right"> 时间都去哪儿了 还没好好感受年轻就老了 生儿养女一辈子 满脑子都是孩子哭了笑了 时间都去哪儿了 还没好好看看你眼睛就花了 柴米油盐半辈子 转眼就只剩下满脸的皱纹了</div>
```

输入代码后，设计视图中的显示如图 7-27 所示，可见块级元素是行显示。

步骤 3　用 CSS 让 left 产生浮动，对 left 块新建 CSS 规则，在出现的"#left 的 CSS 规则定义"对话框中选择"方框"，修改浮动（float）为左对齐。对 right 块新建 CSS 规则，在出现的"#right 的 CSS 规则定义"对话框中选择"类型"，修改字号（font-size）为 24px，上述参数可参考前面介绍的例子加以选择设置。在设计视图中可见如图 7-28 所示的显示。

代码如下：

```
#left {
    float: left;
}
```

```
#right {
    font-size: 24px;
}
```

图 7-27　块级元素的显示

图 7-28　块级元素浮动后的显示

步骤 4　通过图 7-28 可见，图片右侧与文字左侧很近，需要进行一定的处理。前面已经介绍过当元素浮动后，需要指定一个宽度，否则它会尽可能窄，在图中充分显示出来了。为了更具可观性，则需要把#left 的宽度设置为大于图片的宽度，这样图片与文字间就有了一定的空隙。图片的宽度是 150px，设置#left 的宽度为 160px，中间将会有 10px 的空隙，如图 7-29 所示。

图 7-29　如何产生空隙

代码如下：

```
#left {
    float: left;width:160px;
}
#right {
    font-size: 24px;
}
```

 注意

如果将#right 的 margin-left 的值输入为 150px，又会产生什么显示效果呢？读者可自行设置并查看效果。

6．设置三列自适应宽度的网页

三列自适应宽度，较为常用的结构是左列和右列固定，中间列根据浏览器宽度自适应。具体操作步骤如下：

步骤

步骤 1　执行"文件"→"新建"命令，新建网页文件。

步骤 2　分别插入三个 Div 标签，ID 项分别命名为 A、B、C，HTML 代码如下：

```
<div id="A">此处显示  id "A" 的内容</div>
<div id="B">此处显示  id "B" 的内容</div>
<div id="C">此处显示  id "C" 的内容</div>
```

设计视图中的显示结果如图 7-30 所示。

步骤 3　分别对三个块级元素新建 CSS 规则，对#A、#B 进行宽高 100px 的设定，设置

#A 的背景颜色为#96C，#B 的背景颜色为#C9C，另外，#A 的浮动设定为左对齐，#B 的浮动设定为右对齐，如图 7-31 所示。

图 7-30 建立三个块级元素

图 7-31 新建 CSS 规则后的显示

步骤 4 对#C 新建 CSS 规则，选择"分类"中的"方框"，设定左边距、右边距分别为 100px，高也设定为 100px，如图 7-32 所示。最后，对背景色进行设置，这里设定为#F96。

步骤 5 执行"文件"→"保存"命令，在浏览器中的显示效果如图 7-33 所示。

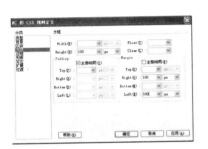

图 7-32 "#C 的 CSS 规则定义"对话框

图 7-33 三列自适应宽度在浏览器中的显示效果

注意

在上述实例中，需读者注意的是，我们选 A、B 浮动，不选 A、C 浮动。因为 C 是最后一个块级元素，而块级元素的特点是另起一行，且独占一行的。读者可自行设置一下，更深入地了解块级元素的特点。

代码如下：

```
<style type="text/CSS">
#A {
        height: 100px;
        width: 100px;
        float: left;
        background-color: #96C;
}

#B {
        float: right;
        height: 100px;
        width: 100px;
```

```
        background-color: #C9C;
    }

    #C {
        height: 100px;
        margin-right: 100px;
        margin-left: 100px;
        background-color: #F96;
    }
    </style>
    </head>


    <body>
    <div id="A">此处显示    id "A" 的内容</div>
    <div id="B">此处显示    id "B" 的内容</div>
    <div id="C">此处显示    id "C" 的内容</div>
    </body>
    </html>
```

信息卡

基于上述实例，还可以实现三列固定宽度的网页和三列固定宽度居中的情况，读者可自行设置。

步骤 6   因为默认的 body 是有外边距的，所以要设置 body 的外边距为 0。这样才能达到块无限接近浏览器的边框的目的。单击 CSS 面板上的"新建 CSS 规则"图标按钮，然后在"新建 CSS 规则"对话框的"选择器类型"下拉列表中选择"标签（重新定义 HTML 元素）"，然后在"选择器名称"下拉列表中选择"body"，如图 7-34 所示。然后，设置 body 的边界为 0 即可，如图 7-35 所示。

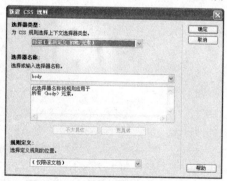

图 7-34 "新建 CSS 规则"对话框

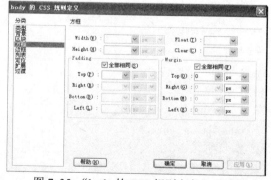

图 7-35 "body 的 CSS 规则定义"对话框

信息卡

上述内容充分体现了 CSS 可以定义任何元素的特点。

7．浏览器 IE6 的 3 像素 Bug

当浮动元素与非浮动元素相邻时，中间会出现 3 像素的空隙。针对 IE6 的这一特殊情况，制定了相应的解决方法，即对浮动元素设置"外边距"的"右"值为：_margin-right: -3px，而且前面一定要加下划线。但这种设置不能通过 W3C 验证。因此，当两列固定宽度时，最好把非浮动元素也固定宽度且向右浮动，这样就可以避免 IE6 的 3 像素 Bug 了。

任务三 纵向导航菜单及二级弹出菜单

子任务 1 设置纵向导航菜单

1．创建简单的一级纵向菜单

纵向导航菜单又称为纵向列表，如邮箱的左侧菜单。如何在网页中加入纵向列表，其具体操作如下：

步骤

步骤 1 执行"文件"→"新建"命令，新建网页文件。

步骤 2 插入一个 ID 为"菜单"的 Div，如图 7-36 所示。然后在设计视图中选中文字，如图 7-37 所示。接着执行菜单栏"格式"→"列表"→"项目列表"命令，如图 7-38 所示。

步骤 3 执行"文件"→"保存"命令，保存文件，在浏览器中的显示如图 7-39 所示。从显示内容可知，标签的默认样式为每一行前面有一个点，且四周有空隙。

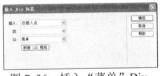

图 7-36 插入"菜单"Div

图 7-37 选择文字

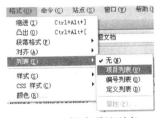

图 7-38 创建项目列表

图 7-39 纵向导航菜单的显示

代码如下：

```
<body>
<div id="菜单">
  <ul>
    <li>首页</li>
    <li>各大新闻</li>
```

```
        <li>微信圈儿</li>
        <li>家装修</li>
        <li>美图网</li>
    </ul>
</div>
</body>
```

步骤 4 为了改变这种单一的标签样式，需要另创建样式表把标签的默认样式给清除掉，选择项目列表，单击"新建 CSS 规则"图标按钮，如图 7-40 所示。在弹出的对话框中单击"确定"按钮，再在出现的"#菜单 ul 的 CSS 规则定义"对话框中选择"分类"中的"列表"，选择列表风格样式（list-style-type）为无（none），如图 7-41 所示。再选择"方框"，把 padding（填充）的 top 和 margin（边框）的 top 都输入 0 值。

生成的 CSS 代码如下：

```
#菜单 ul {
    margin: 0px;
    padding: 0px;
    list-style-type: none;
}
```

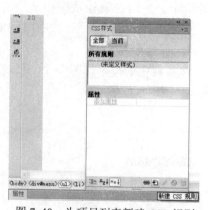

图 7-40 为项目列表新建 CSS 规则

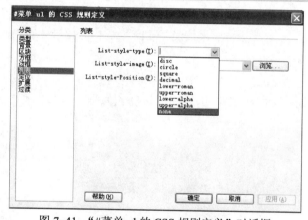

图 7-41 "#菜单 ul 的 CSS 规则定义"对话框

步骤 5 执行"文件"→"保存"命令，保存文件。在浏览器中的显示如图 7-42 所示。

2. 美化和完善一级纵向菜单

通过上述示例，可以建立简单的纵向导航列表，而如何对纵向导航列表进行完善和美化，其具体操作如下：

步骤

步骤 1 为了能够整体修改列表中的文字显示情况，需要对 body 新建 CSS 规则，单击"新建 CSS 规则"图标按钮，在弹出的对话框的"选择器类型"下拉列表中选择"标签（重新定义 HTML 元素）"，在"选择器名称"中输入 body，如图 7-43 所示。

144

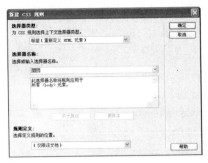

图 7-42 清除默认值后显示方式　　　　图 7-43 "新建 CSS 规则"对话框

步骤 2　对 body 中的文字样式进行修改，如图 7-44 所示，在 font-family（F）中选择
"Verdana, Geneva, sans-serif"，Font-size（S）选择 18px，字体加粗，字的颜色为#0e6964，
Line-height（I）设置为 24px。代码如下：

```
body {
        font-family: Verdana, Geneva, sans-serif;
        font-size: 18px;
        font-weight:bold;
color:#0e6964;
        line-height: 24px;
}
```

图 7-44 "body 的 CSS 规则定义"
对话框

步骤 3　为"#菜单"建立 CSS 规则。在"分类"列表中选择"边框"，设定为上下有边，
Style（样式）为 Solid，Width（宽度）为 3px，Color（颜色）为#83c691，如图 7-45 所示。设置
"#菜单"的 Width（宽度）为 100px，如图 7-46 所示。这样纵向菜单的边框就有了。代码如下：

```
#菜单 {
        width: 100px;
        border-width: 3px 0px 3px 0px;
        border-style: solid;
        border-color: #83c691;
}
```

图 7-45 设置边框　　　　　　　图 7-46 菜单宽度

步骤 4　框选一个 li，单击"新建 CSS 规则"图标按钮，在弹出的对话框中单击"确定"
按钮。然后，在如图 7-47 所示的对话框的"分类"列表中的"背景"中选择背景色"#caf1f8"。
在"方框"中输入 li 的高度为 35px，填充的左右分别为 8px，上下分别为 0px，如图 7-48 所

示。在"类型"中设定行高为 35px，如图 7-49 所示。在"边框"中选择下边框，创建一个下边沿，如图 7-50 所示。代码如下：

```
#菜单  ul li {
        line-height: 35px;
        height: 35px;
        padding-top: 0px;
        padding-right: 8px;
        padding-bottom: 0px;
        padding-left: 8px;
background-color: #caf1f8;
        border-bottom-width: 1px;
        border-bottom-style: solid;
        border-bottom-color: #98dae8;
}
```

图 7-47 背景色

图 7-48 高度及填充

图 7-49 行高

图 7-50 下边框

信息卡

行高=元素高度时，可实现垂直居中。

步骤 5 通过上述设置，一个简单的纵向导航菜单就创建完成了。接下来为这个导航菜单创建链接。选择要添加链接的文字，如"各大新闻"，然后在其属性页面链接上输入要链接的页面网址，这里输入"#"，表示为虚拟链接，不指向任何页面，如图 7-51 所示。

步骤 6 创建一个交互方式，当鼠标经过有链接的文字时，文字显示黑色。这时需要用到:hover 这个伪类。首先定义一个新标签，打开"新建 CSS 规则"对话框，在"选择器类型"中选择"标签（重新定义 HTML 标签）"，在"选择器名称"中输入 a，单击"确定"按钮后，在出现的"a 的 CSS 规则定义"对话框的"类型"中，在"Text-decoration"

中选中"none"复选框，表示无下划线，颜色设定为原来的颜色#0e6964，如图 7-52 所示，单击"确定"按钮后，菜单没有变化。代码如下：

```
a {
    color: #0e6964;
    text-decoration: none;
}
```

图 7-51　创建链接

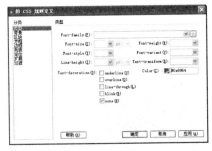

图 7-52　"a 的 CSS 规则定义"对话框

步骤 7　当鼠标经过有链接的文字时，文字显示黑色。首先定义一个新标签，打开"新建 CSS 规则"对话框，在"选择器类型"中选择"复合内容（基于选择的内容）"，在"选择器名称"中选择 a:hover，单击"确定"按钮后，在出现的"a:hover 的 CSS 规则定义"对话框的"类型"中，在"Text-decoration"中选中"none"复选框，表示无下划线，颜色设定为 #000，如图 7-53 所示，最后单击"确定"按钮。代码如下：

```
a:hover {
    color: #000;
    text-decoration: none;
}
```

信息卡

:hover 默认情况下有下划线，颜色为蓝色。

步骤 8　执行"文件"→"保存"命令，保存文件。当鼠标经过有链接的文字时，文字显示为黑色，在浏览器中的显示如图 7-54 所示。

图 7-53　a:hover 的 CSS 规则定义

图 7-54　a:hover 的交互模式

147

子任务 2 设置纵向二级菜单

1. 创建纵向二级菜单

二级菜单即指当鼠标放到一级菜单上后，会弹出相应的二级菜单，移去鼠标后自动消失，其具体操作如下：

步骤

步骤 1 为"各大新闻"创建二级菜单。在代码区输入如下代码：

```
<li><a href="#">各大新闻</a>
    <ul>
    <li>国际新闻</a></li>
    <li>国内新闻</a></li>
    <li>体育新闻</a></li>
    </ul></li>
```

步骤 2 修改#菜单 ul li，给其增加一个相对定位"position:relative;"属性。选择规则中的#菜单 ul li，然后单击"编辑样式"按钮，在出现的"#菜单 ul li 的 CSS 规则定义"对话框的"分类"列表中选择"定位"，设定"Position"为 relative（相对定位），如图 7-55 所示，最后单击"确定"按钮。

步骤 3 为二级列表建立 CSS 规则。打开"新建 CSS 规则"对话框，在"选择器类型"中选择"复合内容（基于选择的内容）"，在"选择器名称"中选择"#菜单 ul li ul"，然后单击"确定"按钮，在出现的"#菜单 ul li ul 的 CSS 规则定义"对话框的"区块"中，在"Display"中选择"none"（无），表示默认状态下将隐藏，如图 7-56 所示。

步骤 4 为二级菜单画框。在出现的"#菜单 ul li ul 的 CSS 规则定义"对话框的"边框"中，创建一个类型为全框，边宽为 1px，颜色为#83c691 的边框，方框宽度设定为 100px，如图 7-57 所示。

图 7-55 相对定位

图 7-56 隐藏二级菜单

步骤 5 为二级菜单定位。在出现的"#菜单 ul li ul 的 CSS 规则定义"对话框的"定位"中，"Position"设定为 absolute（绝对定位），"Placement"中的"Top"设定为 0px，"Left"设定为 100px，如图 7-58 所示。最后单击"确定"按钮。

图 7-57　为二级菜单画框

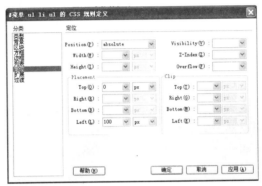

图 7-58　定位二级菜单

注意

　　定义 "#菜单 ul li ul 的 Position: absolute; Left: 100px; Top: 0px;" 时，是以相对于它的父元素 li 的上为 0px，左为 100px 的位置显示。

　　步骤 6　设置当鼠标经过后显示下级菜单的样式。打开"新建 CSS 规则"对话框，在"选择器类型"中选择"复合内容（基于选择的内容）"，在"选择器名称"中输入"#菜单 ul li:hover ul"，如图 7-59 所示，单击"确定"按钮，在出现的"#菜单 ul li:hover ul 的 CSS 规则定义"对话框的"区块"中，在"Display"中选择"block"（块显示），如图 7-60 所示。最后单击"确定"按钮。

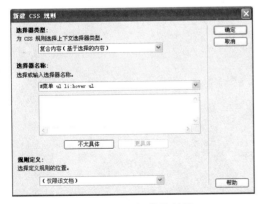

图 7-59　二级菜单伪类　　　　　　　　　　图 7-60　二级菜单块显示

消息卡

> #菜单 ul li:hover ul 这个样式的意思是定义 ID 为菜单级别下的 ul 级别下的 li，当鼠标滑过时 ul 的样式，这里设置为 display:block，指的是鼠标滑过时显示这块内容。

步骤 7 执行"文件"→"保存"命令，保存文件。在浏览器中的显示如图 7-61 所示。但由于 IE6 只支持 a 的伪类，不支持其他标签的伪类，因此要想在 IE6 下也显示正确，需要借助 JS 来实现，方法是定义一个类.current 的属性为 display:block;，然后当鼠标滑过后，用 JS 给当前 li 添加上这个样式，根据 CSS 的优先级：指定的高于继承的原则，就实现了 IE6 下的正确显示。

图 7-61 二级菜单显示情况

2. 相对定位和绝对定位

定位的基本思想，是让用户定义元素框相对于其正常位置应该出现的位置，或相对于父元素及另一个元素乃至浏览器窗口本身的位置。

定位 position 包含 relative（相对）和 absolute（绝对）等属性。

其中"position:relative;"表示相对定位，即元素框偏移一定的距离，但仍保持其原有形状与空间。对一个元素进行相对定位，是指在其原有位置上通过设置垂直或水平位置，让其相对于原始起点进行移动。因为元素仍然占据原来的空间，所以移动框会覆盖其他框体。

"position:absolute;"表示绝对定位。该元素框脱离文档流，即在正常文档流中所占的空间会关闭，也就是不占据空间，并相对于其父容器定位。父容器可能是文档中的另一个元素或是初始包含块。因为绝对定位的框与文档流无关，所以它们可以覆盖页面上的其他元素并可以通过 z-index 来控制它们的层级次序。z-index 的值越高，所显示的层级越靠上。

如果父容器使用相对定位，而子元素使用绝对定位，那么子元素的位置不是相对于浏览器左上角，而是相对于父容器的左上角。

相对定位和绝对定位都是需要利用 top、right、bottom、left 来定位具体位置的，只有在该元素使用定位后这 4 个属性才生效。且这 4 个属性同时只能使用相邻的两个，不能使用相对的，即使用上就不能使用下，使用左就不能使用右。

模块八

本模块导读

　　表单是网页中能够让浏览者与网页制作者进行交流的元素。在各种网站中，表单扮演着相当重要的角色，由这些表单配合相关程序，使得网页可以收集、分析用户的反馈意见，做出科学、合理的决策，这是一个网站成功的重要因素。

　　本模块主要讲解表单及表单对象在网页中的应用及其属性设置，从而能创作出带表单的静态网页。并且详细介绍了"文本域和隐藏域""复选框和单选按钮""列表和菜单""表单按钮"等几项常用表单对象的设置与使用。通过实例来讲解表单对象的综合运用，加深读者对表单功能的理解。

本模块要点

● 网页中表单的概念

● 在网页中插入表单并设置其属性

● 各表单对象的使用

● 表单对象的属性设置

● 用表单制作留言板网页

任务一　创建表单

知识导读

目前很多网站都要求访问者填写各种表单进行注册，从而收集用户资料、获取用户订单，表单已成为网站实现互动功能的重要组成部分。表单是网页管理者与访问者之间进行动态数据交换的一种交互方式。

从表单的工作流程来看，表单的开发分为两部分，一部分是在网页上制作具体的表单项目，这一部分称为前端，主要在 Dreamweaver 中制作；另一部分是编写处理表单信息的应用程序，这一部分称为后端，如 ASP、CGI、PHP、JSP 等。本模块内容主要讲解的是前端的设计，后台的开发将在以后介绍。

子任务 1　了解表单的概念

表单是实现动态网页的一种主要的外在形式，可以使网站的访问者与网站之间轻松地进行交互。使用表单，可以帮助 Internet 服务器从用户那里收集信息，实现用户与网页上的功能互动。通过表单可以收集站点访问者的信息，可以用做调查工具或收集客户登录信息，也可用于制作复杂的电子商务系统。

子任务 2　认识表单对象

表单相当于一个容器，它容纳的是承载数据的表单对象，如文本框、复选框等。因此一个完整的表单包括两部分：表单及表单对象，二者缺一不可。

用户可以通过单击"插入"→"表单"来插入表单对象，或者通过"插入"栏的"表单"图标按钮来插入表单对象，如图 8-1 所示。

图 8-1　"插入"栏"表单"图标

1）表单：在文档中插入表单。任何其他表单对象，如文本域、按钮等，都必须插入表单之中，这样所有浏览器才能正确处理这些数据。

2）文本字段：可接受任何类型的字母或数字项。输入的文本可以显示为单行、多行或者显示为项目符号或星号（用于保护密码）。文本框用来输入比较简单的信息。

3）文本区域：如果需要输入建议、需求等大段文字，这时通常使用带有滚动条的文本区域。

4）隐藏域：可以在表单中插入一个可以存储用户数据的域。使用隐藏域可以存储用户输入的信息，如姓名、电子邮件地址或爱好的查看方式等，以便该用户下次访问站点时可以再次使用这些数据。

5）复选框：在表单中插入复选框。复选框允许在一组选项中选择多项，用户可以选择任意多个适用的选项。

6）单选按钮：在表单中插入单选按钮。单选按钮代表互相排斥的选择。选择一组中的某个按钮，就会取消选择该组中的所有其他按钮。例如，用户可以选择"是"或"否"。

7）单选按钮组：插入共享同一名称的单选按钮的集合。

8）列表/菜单：可以在列表中创建用户选项。"列表"选项在滚动列表中显示选项值，并允许用户在列表中选择多个选项。"菜单"选项在弹出式菜单中显示选项值，而且只允许用户选择一个选项。

9）跳转菜单：插入可导航的列表或弹出式菜单。跳转菜单允许插入一种菜单，在这种菜单中的每个选项都链接到文档或文件。

10）图像域：可以在表单中插入图像。可以使用图像域替换"提交"按钮，以生成图形化按钮。

11）文件域：可在文档中插入空白文本域和"浏览"按钮。文件域使用户可以浏览到其硬盘上的文件，并将这些文件作为表单数据上传。

12）按钮：在表单中插入文本按钮。按钮在单击时执行任务，如提交或重置表单。可以为按钮添加自定义名称或标签，或者使用预定义的"提交"或"重置"标签之一。

13）标签：可在文档中给表单加上标签，以<label>…</label>形式开头和结尾。

14）字段集：可在文本中设置文本标签。

子任务 3 插 入 表 单

1. 插入表单

在网页中插入表单的操作步骤如下：

步骤

步骤 1   执行"文件"→"新建"命令，新建网页文件。

步骤 2   将光标放在希望表单出现的位置，选择菜单栏"插入"→"表单"→"表单"命令，如图 8-2 所示。或选择"插入"栏上的"表单"类别，然后单击"表单"图标按钮，如图 8-1 所示。

步骤 3   此时页面上出现红色的虚轮廓线，以此指示表单，如图 8-3 所示。

步骤 4   执行"文件"→"保存"命令，保存文件。

图8-2 插入表单的菜单命令

图8-3 插入表单的网页文档

信息卡

表单在浏览网页中属于不可见元素。如果没有看到此轮廓线，需检查是否选中了"查看"→"可视化助理"→"不可见元素"。

2．设置表单属性

用鼠标选中表单，在"属性"面板上可以设置表单的各项属性，如图8-4所示。

图8-4 表单"属性"面板

1）"表单 ID"：给表单命名，这样方便用脚本语言对其进行控制。

2）"动作"：指定处理表单信息的服务器端应用程序。单击文件夹目标，找到应用程序，或直接输入应用程序路径。

3）"目标"：选择打开返回信息网页的方式。

4）"方法"：定义处理表单数据的方法，具体内容如下。

一般使用浏览器默认的方法（常用 GET）。

➢ "GET"：把表单值添加给 URL，并向服务器发送 GET 请求。因为 URL 被限定在8192个字符之内，所以不要对长表单使用 GET 方法。

➢ "POST"：把表单数据嵌入到 HTTP 请求中发送。

5）"编码类型"：用来设置发送 MIME 编码类型，有两个选项。

➤ "application/x-www-form-urlencode"：默认的 MIME 编码类型，通常与 POST 方法协同使用。

➤ "multipart/form-data"：如果表单包含文件域，应该选择 multipart/form-data MIME 类型。

任务二　插入表单对象

子任务 1　插入文本域和隐藏域

1．插入文本域

文本域是表单中非常重要的表单对象。当浏览者浏览网页需要输入文字资料，如姓名、地址、E-mail 或稍长一些的个人介绍等内容时，就可以使用文本域。文本域分单行文本域、多行文本域和密码域三种类型。具体操作如下：

步骤

图 8-5　插入文本字段

步骤 1　插入文本域之前需确定已经先插入了一个表单域，并且将光标放入表单域中。

步骤 2　选择插入栏的"表单"分类的"文本字段"图标按钮，如图 8-1 所示，弹出"输入标签辅助功能属性"对话框，如图 8-5 所示。

步骤 3　可以输入文本字段的标签文字，然后单击"确定"按钮。也可单击"取消"按钮，在表单域中自行添加文字作为文本字段的标签文字。

信息卡

可以执行"编辑"→"首选参数"命令，在"首选参数"的左侧列表中选择"辅助功能"项，取消"表单对象"的选中状态。这样以后插入表单对象时就不会显示如图 8-5 所示的对话框了。

步骤 4　设置文本字段的属性。单击"文本字段"，在其"属性"面板上进行属性设置，如图 8-6 所示。

图 8-6　"属性"面板

"文本字段"对象具有下列属性。

1）"文本域"：指定文本域的名称，通过它可以在脚本中引用该文本域。

2）"字符宽度"：设置文本域中最多可显示的字符数。

3）"最多字符数"：允许使用者输入的最多的字符个数。

4）"初始值"：表单首次被载入时显示在文本字段中的值。

5）"类型"：可以选择文本域的类型，其中包括"单行""多行"和"密码"。

➢ "单行"：只可显示一行文本，是插入文本域时默认的选项。

➢ "多行"：可以显示多行文本，选择该项时"属性"面板将产生变化，增加了用于设置多行文本的选项。

➢ "密码"：用于输入密码的单行文本域。输入的内容将以符号显示，防止被其他人看到，但该数据通过后台程序发送到服务器上时将仍然显示为原本的内容。

6）"行数"：当类型设置为"多行"时，设置文本域中的行数。

7）"换行"：当类型设置为"多行"时，设置文本域中的换行方式。

图 8-7 所示的是一个同时拥有 3 种文本域类型的实例。

图 8-7　文本域的应用

信息卡

"文本区域"表单对象与"文本字段"表单对象的使用方法相似，读者可自行设置。

2．插入隐藏域

若要在表单结果中包含不让站点访问者看见的信息，可在表单中添加隐藏域。当提交表单时，隐藏域就会将非浏览者输入的信息发送到服务器上，为制作数据接口做好准备。

步骤

步骤 1　将光标置于页面中需要插入隐藏域的位置。

步骤 2　选择插入栏的"表单"分类的"隐藏域"图标按钮，随后一个隐藏域的标记便插入到了网页中。

步骤 3　单击隐藏域的标记将其选中，隐藏域的属性面板将会出现，如图 8-8 所示。

图 8-8　隐藏域的属性

"隐藏域"对象具有的属性介绍如下。

1）"隐藏区域"：指定隐藏域的名称，默认为 hiddenField。

2）"值"：设置要为隐藏域指定的值，该值将在提交表单时传递给服务器。

子任务 2 插入单选按钮和复选框

1. 插入单选按钮

如果想让访问者从一组选项中选择其中之一，那么可以在表单中添加单选按钮。常见的如性别、学历等内容都会使用单选按钮来进行设置。单选按钮允许用户在多个选项中选择一个，不能进行多项选择。插入单选按钮的具体操作如下：

步骤

步骤1 将光标放入表单域中要插入单选按钮的位置。

步骤2 选择插入栏的"表单"分类的"单选按钮"图标按钮，如图8-1所示，弹出"输入标签辅助功能属性"对话框，如图8-5所示。

步骤3 可以输入单选按钮的标签文字，并选择文字在单选按钮的前面显示或后面显示，然后单击"确定"按钮。也可单击"取消"按钮，在表单域中自行添加文字作为标签文字。如图8-9所示，在表单中添加单选按钮。

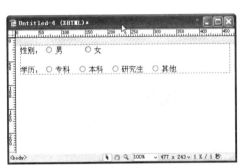

图 8-9 插入单选按钮

步骤4 设置单选按钮的属性。单击"单选按钮"对象，在其"属性"面板上进行属性设置，如图8-10所示。

图 8-10 单选按钮属性面板

"单选按钮"对象具有的属性介绍如下。

1）"单选按钮"：单选按钮的名称，在同一组的单选按钮名称必须相同。

2）"选定值"：设置该按钮被选中时发送给服务器的值。

3）"初始状态"有"已勾选"和"未选中"两种，表示该按钮是否被选中。

➢ "已勾选"：表示在浏览时单选按钮显示为勾选状态。

➢ "未选中"：表示在浏览时单选按钮显示为不勾选的状态。

注意

在一组单选按钮中只能设置一个单选按钮为"已勾选"。

2. 插入复选框

使用"复选框"表单对象可以在网页中设置多个可供浏览者进行选择的项目，常用于调查类栏目中。插入复选框的具体操作如下：

步骤

步骤1 将光标放入表单域中要插入复选框的位置。

步骤2 选择插入栏的"表单"分类的"复选框"图标按钮,如图8-1所示,弹出"输入标签辅助功能属性"对话框,如图8-5所示。

步骤3 标签文字的设置同"单选按钮"标签文字的设置。如图8-11所示,在表单中添加复选框。

步骤4 设置复选框的属性。单击"复选框"对象,在其"属性"面板上进行属性设置,如图8-12所示。

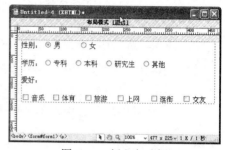

图8-11 插入复选框

图8-12 复选框属性面板

"复选框"对象具有的属性介绍如下。

1)"复选框名称":给复选框命名,通过该名称可以在脚本中引用复选框。

2)"选定值":设置复选框被选择时发送给服务器的值。

3)"初始状态":设置首次载入表单时复选框是已选还是未选,具体操作同"单选按钮"。

子任务3 插入列表和菜单

使用"列表/菜单"对象,可以让访问者从"列表/菜单"中选择选项。在拥有较多选项并且网页空间比较有限的情况下,"列表/菜单"将会发挥出最大的作用。其具体操作步骤如下。

步骤

步骤1 将光标置于页面中需要插入列表、菜单的位置。

步骤2 选择插入栏的"表单"分类,单击"列表/菜单"图标按钮,随后一个列表/菜单便插入到了网页中。

步骤3 设置列表/菜单的属性。使用鼠标单击"列表/菜单",此时显示"列表/菜单"的属性面板,如图8-13所示。

图8-13 列表/菜单属性面板

"列表/菜单"属性面板中的选项介绍如下。

1)"列表/菜单":为列表/菜单指定一个名称。

2)"类型":有"菜单"和"列表"两种可选。

3)"列表值...":可选的列表的值。

4)"高度":用来设置列表菜单中的项目数。如果实际的项目数多于此数目,那么列表菜单的右侧将使用滚动条。

5)"允许多选":允许浏览者从列表菜单中选择多个项目。

6)"初始化时选定":可以设置一个项目作为列表中默认选择的菜单项。

步骤4 单击"属性"面板中"列表值..."按钮,出现"列表值"对话框,单击"+"按钮依次添加"项目标签"和"值",如图8-14所示。单击"确定"按钮完成设置,效果如图8-15所示。

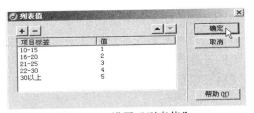

图 8-14 设置"列表值"

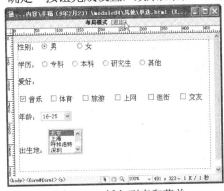

图 8-15 插入列表和菜单

子任务 4 插入表单按钮

对表单而言,按钮是非常重要的,它能够控制对表单内容的操作,如"提交"按钮或"重置"按钮。要将表单内容发送到远端服务器上,可使用"提交"按钮;要清除现有的表单内容,可使用"重置"按钮。插入表单按钮的具体操作步骤如下。

步骤

步骤1 将鼠标光标置于页面中需要插入按钮的位置。

步骤2 选择插入栏的"表单"分类,单击"按钮"图标按钮,随后一个按钮便插入到了网页中。

步骤3 设置按钮的属性。使用鼠标单击"按钮",此时显示"按钮"的属性面板,如图8-16所示。

图 8-16 按钮属性面板

"按钮"属性面板中的选项介绍如下。

1)"按钮名称":为按钮设置一个名称。

2)"值":设置显示在按钮上的文本。

3)"动作":确定按钮被单击时发生的操作,有以下3种选择。

➤ "提交表单":表示单击按钮将提交表单数据内容至表单域"动作"属性中指定的页面或脚本。

➤ "重设表单":表示单击该按钮将清除表单中的所有内容。

➤ "无":表示单击该按钮时不发生任何动作。

添加"按钮"表单对象的页面效果如图8-17所示。

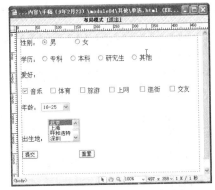

图 8-17 插入"提交"按钮和"重置"按钮

信息卡

　　表单实际包含的表单对象还有很多种，如"单选按钮组""图像域""文件域""跳转菜单"等，它们的属性设置和使用方式与前面详细介绍的几种表单对象类似，读者可自行学习。

　　表单是网页中实现客户和网站进行交流的基本的结构。对于表单来说，涉及的方面很多，特别是在表单同服务器端联系时，涉及一些编程语言，另外就是表单在网页中的显示也是很复杂的问题。本模块只介绍网页中表单和表单对象的基本作用和使用方法，并没有实现浏览者与服务器之间的交互作用。关于表单的交互作用将在以后的模块中介绍。

学 材 小 结

理论知识

1．判断题

1）"单行"是插入文本域时默认的选项，只可显示单行文本。　　　　　　（　　）

2）"多行"表示插入的文本域可以显示多行文本，但不能显示单行。　　　（　　）

3）"单选按钮"文本框为单选按钮指定一个名称。多个"单选按钮"，可以有多个名称。
　　　　　　　　　　　　　　　　　　　　　　　　　　　　　　　　　（　　）

4）在要求浏览者从一组选项中选择多个选项时，可以使用单选按钮。　　（　　）

5）要清除现有的表单内容，可使用"重置"按钮。　　　　　　　　　　（　　）

2．填空题

1）设置表单的属性时，"表单名称"文本框是＿＿＿＿＿＿。

2）文本域中"字符宽度"是＿＿＿＿＿＿，而"最多字符数"是＿＿＿＿＿＿。

3）每个表单都是由＿＿＿＿＿＿组成的，而且所有的＿＿＿＿＿＿放到表单中才会有效，因此，制作表单页面的第一步是创建＿＿＿＿＿＿。

4）在表单中使用表单对象时，要为＿＿＿＿＿＿指定一个名称，这样由＿＿＿＿＿＿的名称和用户提供的信息（即值）组合成＿＿＿＿＿＿。

5）如果希望一次选取多个选项，应使用＿＿＿＿＿＿对象。

6）在表单中要添加一个密码框，应使用表单中＿＿＿＿＿＿对象。

实训任务

实训　利用表单制作留言板

【实训目的】

注意表单的设计，选择正确的表单对象，通过实例制作，可以掌握表单的创建及设计技巧。本例任务是完成表单的前端界面的制作。

【实训内容】

本案例利用表单及表单对象在网页中的应用，制作"班级留言板"。最终效果如图 8-18 所示。制作步骤如下（本实训任务中所用素材在 module08\shixun 文件夹中）：

图 8-18　班级留言板

步骤

步骤 1　执行"文件"→"新建"命令，新建一个名为"biaodan1.html"的网页文件。单击"属性"面板中的＿＿＿＿＿＿＿命令设置页面背景为"images/bookbg.gif"。

步骤 2　在页面中输入标题"班级留言板"，并对字体、字号及样式进行相应设置。

步骤 3　单击＿＿＿＿＿＿栏＿＿＿＿＿＿选项＿＿＿＿＿＿按钮，插入一个表单，在"文档"窗口中出现一个红色的虚线框。

步骤 4　单击虚线框内，插入一个 11 行 3 列的表格，采用表格进行排版。选中表格，在＿＿＿＿＿＿面板中设置表格宽度为 565 像素，边框宽度为 1 像素，表格背景色为"白色"，表格对齐方式为"居中对齐"，如图 8-19 所示。

步骤 5　选择表格的第一行单元格，合并单元格，输入"留言板"作为标题，并设置其格式。

步骤 6　选择表格第二行第一列单元格，设置其宽度为 83 像素，水平对齐方式为"右对齐"，垂直对齐方式为"居中"，在单元格内输入"用户名："，设置字体为"默认字体"，大小为 14。

步骤 7　选择表格第二行第二列单元格，设置其宽度为 230 像素，水平对齐方式为"左对齐"，垂直对齐方式为"居中"，在此单元格中插入一个"文本字段"对象，在＿＿＿＿＿＿面板中设置文本字段的属性，设定文本域名称为"name"，类型为"单行"，字符宽度为 20，最多字符数为 25，初始值为"请输入用户名"。

步骤 8　在表格第三行前两列中分别插入"密码"和"文本字段"对象。其中"文本字段"对象属性设定为：文本域名称为"password"，类型为"密码"，字符宽度为 20，最多字符数为 10。单元格属性同上两步。

步骤 9　在表格第 4 行前两列中分别插入"性别"和"单选按钮"对象。在文字"男""女"后分别插入两个单选按钮，如图 8-20 所示。在"属性"面板中对单选按钮进行设置，例如，将"男"后的单选按钮的"单选按钮""选定值"和"初始状态"依次设置为"sex""male"和"已勾选"，将"女"后的单选按钮的"单选按钮""选定值"和"初始状态"依次设置为"sex""female"和"未选中"。单元格属性同上。

图 8-19 表单内插入表格

图 8-20 插入单选按钮

步骤 10 在表格第 5 行前两列中分别插入"年龄"和"文本字段"对象。单元格属性同上,"文本字段"对象属性参照以上步骤自行设置。

步骤 11 在表格第 6 行前两列中分别插入"所学专业"和"菜单/列表"对象。在"属性"面板中对其进行设置,"菜单/列表""类型"依次设置为"select""菜单"。在"列表值"中把"项目标签""值"分别设为:"计算机""0","数学""1"等,如图 8-21 所示。单元格属性同上。

图 8-21 列表值设置

步骤 12 合并表格第 7 行后两列单元格,在得到的两列单元格中分别插入"爱好"和"复选框"对象。在"上网"等文字后分别插入如图 8-22 所示的复选框。在"属性"面板中对复选按钮进行设置,例如将"上网"后的复选框的"复选框名称""选定值"和"初始状态"依次设定为"favor""net"和"未选中",将"体育"后的复选框的"复选框名称""选定值"和"初始状态"依次设定为"favor""moving"和"未选中"等。单元格属性同上。

步骤 13 在表格第 2 行第 3 列单元格中,输入"选择头像"和"菜单/列表"对象。属性设置参考"菜单/列表"对象属性设置。

步骤 14 合并表格第 3~6 行的第 3 列单元格,在此插入"图像域"对象。把光标定位在此单元格中,单击_____栏_____"图像域"图标按钮,选择此素材文件夹中的"images/touxiang/001.gif"图像作为"图像域"源图像。在"属性"面板中对"图像域"对象进行设置,将"图像区域"和"对齐"依次设定为"face"和"顶端",如图 8-23 所示。

图 8-22 插入复选框按钮

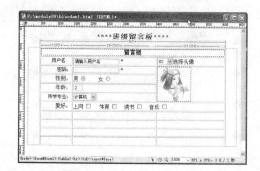

图 8-23 插入图像域对象

步骤 15 合并表格第 8 行后两列单元格,在合并后单元格中,分别插入_____对象和_____对象作为设置字体格式的按钮，如图 8-24 所示。

 注意

此处的"图像域"对象和"菜单/列表"对象因为没进行后台的连接，所以并不能实现文本格式的控制作用。

步骤 16 在表格第 9 行中，插入"文本区域"作为留言的地方。

步骤 17 在表格第 10 行中，插入"单选按钮"对象和"图像域"对象或者插入"单选按钮组"对象，作为选择心情符号的地方，如图 8-25 所示。

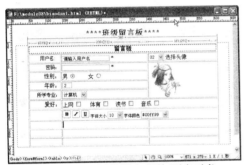

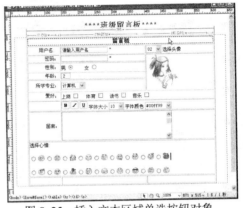

图 8-24 插入图像域和菜单/列表对象　　　图 8-25 插入文本区域单选按钮对象

步骤 18 在表格第 11 行中，插入"按钮"对象。在"属性"面板中对"按钮"对象进行设置，例如将"提交"按钮的"按钮名称""值"和"动作"依次设定为"ok""提交"或"提交表单"，将"重置"按钮的"按钮名称""值"和"动作"依次设定为"reset""重置"或"重置表单"。

步骤 19 保存文件（本例保存为本章节文件夹下的"biaodan1.html"），按_____键，在浏览器中浏览，效果如图 8-18 所示。

拓展练习

1）使用本模块所学内容，参照"163"等大型门户网站设计一个邮箱的登录对话框和邮箱申请表单，分别如图 8-26 和图 8-27 所示。

图 8-26 163 邮箱登录窗口　　　图 8-27 网易通行证注册窗口

2）使用本模块所学内容，设计一个读书调查问卷。

模块九

使用行为制作特效网页

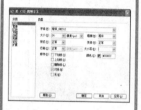

本模块导读

行为可以说是 Dreamweaver CS6 中最有特色的功能之一，它可以让用户不用编写一行 JavaScript 代码即可实现多种动态页面效果。

行为是以系列使用 JavaScript 程序预定义的页面特效工具，是 JavaScript 在 Dreamweaver 中内置的程序库。利用行为，可以制作出各式各样的特殊效果，如播放声音、弹出菜单等。

JavaScript 是 Internet 上最流行的脚本语言之一。它存在于全世界几乎所有 Web 浏览器中，能够增强用户与网站之间的交互。

有许多优秀的网页，它们不仅包含文本和图像，还有许多其他交互式的效果。例如，当鼠标移动到某个图像或按钮上时，特定位置便会显示出相关信息，又或者同时打开一个网页等。

本模块要点

- 了解行为、事件和动作的概念
- 掌握 Dreamweaver CS6 内置行为的使用
- 熟练使用行为和管理行为

任务一 认识行为

知识导读

一个行为是由一个事件所触发的动作组成的，因此行为的基本元素有两个：事件和动作。事件是浏览器产生的有效信息，也就是访问者对网页所做的事情。例如，当访问者将鼠标光标移到一个链接上时，浏览器就会为这个链接产生一个"onMouseOver"（鼠标经过）事件。然后，浏览器会检查当事件为这个链接产生时，是否有一些代码需要执行，如果有就执行这段代码，这就是动作。

在"行为"面板中添加了一个动作，也就有了一个事件。选择不同的动作，"事件"菜单中会罗列出可以触发该动作的所有事件。不同的动作，所支持的事件也不同。

不同的事件为不同的网页元素所定义。例如，在大多数浏览器中，"onMouseOver"（鼠标经过）和"on Click"（单击）行为是和链接相关的事件，然而"on Load"（载入）行为是和图像及文档相关的事件。一个单一的事件可以触发几个不同的动作，而且可以指定这些动作发生的顺序。

执行"窗口"→"行为"命令，打开"行为"面板，如图 9-1 所示。

新建 index9-1.html 文件后设置"放大文字"和"弹出信息"两个鼠标单击行为，"高亮颜色"和"设置状态栏文本"两个鼠标经过行为。

步骤

步骤 1 新建 index9-1.html 文件，如图 9-2 所示。

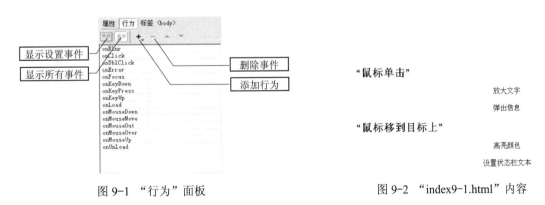

图 9-1 "行为"面板　　　　　　　图 9-2 "index9-1.html"内容

步骤 2 执行"窗口"→"行为"命令，打开"行为"面板。

步骤 3 在 index9-1.html 上选择"放大文字"行。

步骤 4 在"行为"面板上单击"添加行为"图标按钮后显示系统内置的所有行为，如图 9-3 所示。选择"效果"→"增大/收缩"行为后，弹出"增大/收缩"对话框，如图 9-4 所示。

165

图 9-3 添加"增大/收缩"行为

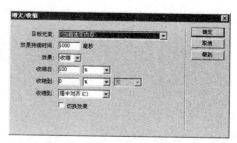

图 9-4 "增大/收缩"对话框

步骤 5 在"增大/收缩"对话框的"效果"下拉列表中选择"增大",在"增大自"文本框中输入"100",在"增大到"文本框中输入"200",选中"切换效果"复选框,如图 9-5 所示。

步骤 6 在图 9-5 中单击"确定"按钮,然后将图 9-6 中的事件改为鼠标单击事件(on Click)。

图 9-5 "增大/收缩"对话框中的设置

图 9-6 修改事件

现在"放大文字"行为设置好了,下一个设置"弹出信息"行为。

步骤 7 在 index9-1.html 上选择"弹出信息"行。

步骤 8 在"行为"面板上单击"添加行为"图标按钮,显示系统内置的所有行为,如图 9-3 所示。选择"弹出信息"行为后,弹出"弹出信息"对话框,如图 9-7 所示。

步骤 9 在"消息"文本框输入"欢迎光临"后单击"确定"按钮。对应的事件改为鼠标单击事件(on Click)。

步骤 10 在 index9-1.html 上选择"高亮颜色"行。

步骤 11 在"行为"面板上单击"添加行为"图标按钮,显示系统内置的所有行为,如图 9-3 所示。选择"效果"→"高亮颜色"行为后,弹出"高亮颜色"对话框,如图 9-8 所示。

步骤 12 设置好后单击"确定"按钮。对应的事件改为鼠标经过事件(onMouseOver)。

步骤 13 在 index9-1.html 上选择"设置状态栏文本"行。

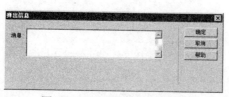

图 9-7 "弹出信息"对话框

图 9-8 "高亮颜色"对话框

步骤 14 在"行为"面板上单击"添加行为"图标按钮,显示系统内置的所有行为,如图 9-9 所示。选择"设置文本"→"设置状态栏文本"行为后,弹出"设置状态栏文本"

对话框，如图 9-10 所示。

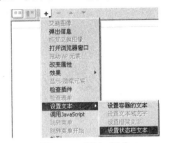

图 9-9　添加行为

图 9-10　"设置状态栏文本"对话框

步骤 15　在"消息"文本框输入"大家好！"后单击"确定"按钮。对应的事件改为鼠标经过事件（onMouseOver）。

步骤 16　浏览 index9-1.html 文件的效果如图 9-11 所示。

图 9-11　浏览 index9-1.html 文件（鼠标移到"高亮颜色"）

任务二　常用 Dreamweaver 内置行为

Dreamweaver 内置行为有调用 JavaScript 行为、改变属性行为、检查浏览器行为、检查插件行为、控制 Shockwave 或 Flash 行为、拖动 AP 元素行为、转到 URL 行为、跳转菜单行为、跳转菜单转到行为、打开浏览器窗口行为、播放声音行为、弹出消息行为、预先载入图像行为、设置导航栏图像行为、设置框架文本行为、设置容器的文本行为、设置状态栏文本行为、设置文本域文字行为、显示-隐藏元素行为、显示弹出菜单行为、交换图像行为、检查表单行为等。

子任务 1　应用交换图像行为

新建 index9-2-1.html 文件后应用交换图像行为。

步骤

步骤 1　新建 index9-2-1.html 文件。

步骤 2　执行"插入"→"图像对象"→"鼠标经过图像"命令，弹出"插入鼠标经过图像"对话框，如图 9-12 所示。

图 9-12　"插入鼠标经过图像"对话框

步骤3 浏览两个不同的图片后单击"确定"按钮。

添加交换图像行为后 index9-2-1.html 如图 9-13 所示。

图 9-13 鼠标经过图像对应的行为

步骤4 查看 index9-2-1.html 文件执行效果。

子任务 2 应用转到 URL 行为

新建 index9-2-2.html 文件后应用转到 URL 行为。

步骤

步骤1 新建 index9-2-2.html 文件。

步骤2 选择一个对象，然后执行"行为"面板的"添加行为"→"转到 URL"命令，弹出"转到 URL"对话框，如图 9-14 所示。

步骤3 单击"URL"后的"浏览"按钮，弹出"选择文件"对话框，如图 9-15 所示。

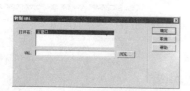

图 9-14 "转到 URL"对话框   图 9-15 "选择文件"对话框

步骤 4 选择"index9-1.html"后单击"确定"按钮。

步骤 5 单击"转到 URL"对话框中的"确定"按钮。转到 URL 行为设置完成。

步骤 6 查看 index9-2-2.html 文件执行效果。

子任务 3 应用打开浏览器窗口行为

新建 index9-2-3.html 文件后应用打开浏览器窗口行为。

步骤

步骤 1 新建 index9-2-3.html 文件。

步骤 2 选择"打开 index9-1.html"文字，然后单击"行为"面板中的"添加行为"图标按钮，选择"打开浏览器窗口"菜单项，如图 9-16 所示。

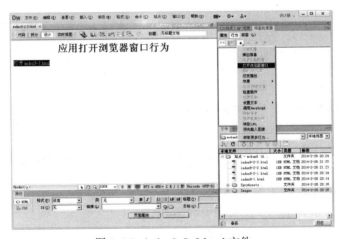

图 9-16 index9-2-3.html 文件

步骤 3 在弹出的如图 9-17 所示的"打开浏览器窗口"对话框中，单击"浏览"按钮将弹出"选择文件"对话框。

步骤 4 选择"index9-1.html"后单击"确定"按钮。

步骤 5 在"打开浏览器窗口"对话框进行如图 9-18 所示的设置后单击"确定"按钮。

图 9-17 "打开浏览器窗口"对话框

图 9-18 "打开浏览器窗口"对话框的设置

此时，打开浏览器行为设置完成。

步骤 6 查看 index9-2-3.html 文件执行效果。

子任务 4　其 他 行 为

新建 index9-2-4.html 文件后应用"关闭浏览器"和"改变属性"行为。

步骤

步骤 1　新建 index9-2-4.html 文件，如图 9-19 所示。

步骤 2　选择"关闭浏览器"，然后单击"行为"面板中的"添加行为"图标按钮，选择"调用 JavaScript"，弹出"调用 JavaScript"对话框，如图 9-20 所示。

步骤 3　在"JavaScript"文本框输入"window. Close()"后单击"确定"按钮。

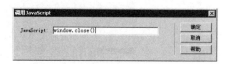

图 9-19　index9-2-4.html 文件　　　　图 9-20　"调用 JavaScript"对话框

步骤 4　在<body>区域中，"<p align="center">改变属性</p>"改为：

改变属性

步骤 5　选择"改变属性"，然后单击"行为"面板中的"添加行为"图标按钮，选择"改变属性"，弹出"改变属性"对话框，如图 9-21 所示。

步骤 6　在"元素类型"下拉列表中选择"p"，在"元素 ID"下拉列表中选择"p "gaibian""，在"属性"中单击"选择"单选按钮，并在"选择"下拉列表中选择"backgroundColor"，在"新的值"文本框中输入"#00FF00"后单击"确定"按钮。

图 9-21　"改变属性"对话框

步骤 7　查看 index9-2-4.html 文件执行效果。

任务三　插入 JavaScript 特效

JavaScript 是一种基于对象和事件驱动并具有安全性的脚本语言。使用它的目的是与 HTML 一起在一个 Web 页面中与 Web 客户实现交互。

1. JavaScript 运算符

JavaScript 运算符可分为：算术运算符、比较运算符、逻辑运算符、字符串运算符和赋值运算符。在 JavaScript 中，主要有双目运算符和单目运算符。

1）双目运算符：操作数 1 运算符 操作数 2；如 100+200 等。

2）单目运算符：只有一个操作数；如 100++、—2 等。

表 9-1 JavaScript 运算符

分　类	运　算　符
算术运算符	+、−、*、/、++、—等
比较运算符	!=、==、>、<、>=、<=、===、!==等
逻辑运算符	!、||、&& 等
字符串运算符	= 等
赋值运算符	=、−=、+=、*=、/= 等

2．在 HTML 里加入 JavaScript 代码

JavaScript 脚本代码是通过嵌入或调入到标准的 HTML 中实现的。它的出现弥补了 HTML 的缺陷。

JavaScript 是一种比较简单的编程语言，使用方法是向 Web 页面的 HTML 文件增加一个脚本，而不需要单独编译解释，当一个支持 JavaScript 的浏览器打开这个页面时，它会读出一个脚本并执行其命令。可以直接将 JavaScript 代码加入 HTML 中。其中<Script>表示脚本的开始，使用 Language 属性定义脚本语言为 JavaScript，在标记<Script Language="JavaScript">与</Script>之间就可以加入 JavaScript 脚本。

例子：

```
<Script Language="JavaScript">
function tuichu(){        //  定义 JavaScript 函数
    window. close();   //   系统函数
}
</Script>
```

子任务 1 跟随鼠标的字符串

使用 JavaScript 脚本语言制作"跟随鼠标的字符串"网页。

步骤

步骤 1　新建 index9-3-1.html 文件，打开代码视图。

步骤 2　把下列代码加入到<head>区域中。

```
<style type="text/css">      //  定义内部 CSS 样式
.span style {
     COLOR: #ff00ff; FONT-FAMILY: 宋体; FONT-SIZE: 14pt; POSITION: absolute;
TOP: −50px; VISIBILITY: visible
```

```
        }
        </style>
        <script>                    //    JavaScript 代码
        var x,y
        var step=18
        var flag=0
        var message="欢迎光临 "        //   定义跟随鼠标的字符串
        message=message. split("")
        var xpos=new Array()
        for (i=0;i<=message.length-1;i++) {
            xpos[i]= -50
        }
        var ypos=new Array()
        for (i=0;i<=message.length-1;i++) {
            ypos[i]= -200
        }

        function handlerMM(e){   //   保存光标的位置（x,y）
            x = (document. layers) ? e.pageX : document.body.scrollLeft+event.clientX
            y = (document. layers) ? e.pageY : document.body.scrollTop+event.clientY
            flag=1
        }

        function makesnake() {
            if (flag==1 && document. all) {
                for (i=message.length-1; i>=1; i--) {
                    xpos[i]=xpos[i-1]+step
                    ypos[i]=ypos[i-1]
                }
                xpos[0]=x+step
                ypos[0]=y
                for (i=0; i<message.length-1; i++) {
                    var thisspan = eval("span"+(i)+".style")
                    thisspan.posLeft=xpos[i]
                    thisspan.posTop=ypos[i]
                }
            }
            else if (flag==1 && document. layers) {
                for (i=message.length-1; i>=1; i--) {
```

```
                xpos[i]=xpos[i–1]+step
                ypos[i]=ypos[i–1]
            }
            xpos[0]=x+step
            ypos[0]=y
            for (i=0; i<message.length–1; i++) {
                var thisspan = eval("document. span"+i)
                thisspan.left=xpos[i]
                thisspan.top=ypos[i]
            }
        }
    }
    var timer=setTimeout("makesnake()",30)
}
</script>
```

步骤 3 把下列代码加入到<body>区域中。

```
<script>  //  JavaScript 代码
<! -- Beginning of JavaScript -
for (i=0;i<=message.length–1;i++) {        // 循环显示每个字符
    document. write("<span id='span"+i+"' class='spanstyle'>")
    document.write(message[i])
    document.write("</span>")
}
if (document. layers){
    document.captureEvents(Event.MOUSEMOVE);
}
document.onmousemove = handlerMM;
</script>
```

步骤 4 把<body>改为<body bgcolor="#ffffff" onload="makesnake()">。

步骤 5 index9-3-1.html 执行效果如图 9-22 所示。

图 9-22 执行 index9-3-1.html 效果

子任务 2　时钟显示在任意指定位置

新建 index9-3-2.html 文件，进行相应设置后在浏览器上显示。

步骤

步骤 1　新建 index9-3-2.html 文件。

步骤 2　把下面代码加入到<body>区域中。

```
<h1 align="center">时钟显示在任意指定位置</h1>
<span id=liveclock style=position:absolute;left:250px;top:122px;; width: 109px; height: 15px>
</span>                        // 设置时钟显示位置和大小
<SCRIPT language=JavaScript> // JavaScript 代码
function show5()             // 定义 JavaScript 函数
{
    if(!document. layers&&!document. all)
     return
    var Digital=new Date()    // 定义 Date 类型的变量
    var hours=Digital.getHours()
    var minutes=Digital.getMinutes()
    var seconds=Digital.getSeconds()
    var dn="AM"
    if(hours>12){             // 下午的时间改为 1～12 点
     dn="PM"
     hours=hours-12
    }
    if(hours==0)
     hours=12
    if(minutes<=9)
     minutes="0"+minutes
    if(seconds<=9)
     seconds="0"+seconds
    myclock="<font size='5' face='Arial'><b>系统时间:</br>"+hours+":"+minutes+":"+ seconds+ " "+dn+
"</b></font>"
    if(document. layers){
        document.layers.liveclock.document.write(myclock)
     document.layers.liveclock.document.close()
    }
    else if(document. all)
```

```
        liveclock.innerHTML=myclock
        setTimeout("show5()",1000)          //  每过 1 秒调用一次 show5()函数
}
</SCRIPT>
```

步骤 3 把<body>中的内容改为：

```
<body bgcolor="#ff00ff" ONLOAD=show5()>    //  调用 show5()函数
```

步骤 4 执行 index9-3-2.html 的效果如图 9-23 所示。

图 9-23 执行 index9-3-2.html 效果

学 材 小 结

理论知识

1）执行"_____"→"_____"命令，打开"行为"面板。

2）一个行为是由一个_____所触发的动作组成的，因此行为的基本元素有两个：_____和_____。

3）JavaScript 是一种基于对象和事件驱动并具有安全性的_____语言。

4）JavaScript 运算符可分为：_____、_____、字符串运算符、_____和赋值运算符。

 实训任务

实训 制作垂直弹出式菜单

【实训目的】

进一步巩固"行为"面板的使用。

进一步巩固添加和编辑行为的基本方法。

进一步巩固弹出式菜单的制作方法。

【实训内容】

本例第一部分是新建 index9-4.html 文件，第二部分是设计两层垂直弹出式菜单，如图 9-24 所示。

【实训步骤】

步骤

图 9-24　浏览 index9-4.html

步骤 1　新建 index9-4.html 文件。

步骤 2　在 index9-4.html 文件中编写下列代码并新建 ID 样式。

```
<div id="menu">新 闻</div>
<div id="menu1">
国内新闻<br />
国外新闻
</div>
```

步骤 3　执行"窗口"→"＿＿＿＿＿＿"命令，打开"＿＿＿＿＿＿"面板。

步骤 4　选择"menu"对象，然后执行"行为"面板中的"＿＿＿＿＿＿"图标按钮，选择"显示-隐藏元素"，弹出"＿＿＿＿＿＿＿＿"对话框，如图 9-25 所示。

步骤 5　在"＿＿＿＿＿＿＿＿＿"对话框中将"menu"层改为显示后单击"确定"按钮，如图 9-25 所示。

步骤 6　重复步骤 4。

步骤 7　在"＿＿＿＿＿＿＿＿＿"对话框中将"menu"层改为隐藏后单击"确定"按钮，如图 9-26 所示。

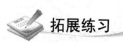

图 9-25　设置为显示元素

图 9-26　设置为隐藏元素

步骤 8　行为的事件改为如图 9-27 所示。

步骤 9　保存 index9-4.html 文件后浏览。

拓展练习

1）使用行为实现打印功能。

2）使用行为实现弹出式菜单。

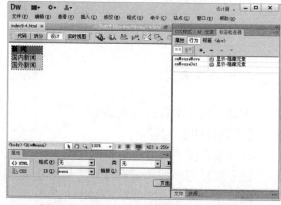

图 9-27　添加"显示-隐藏元素"行为后

模块十

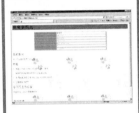

本模块导读

　　在进行批量网页制作的过程中，很多页面都会使用到相同的图片、文字或布局。为了避免不必要的重复操作，减少用户的工作量，可以使用 Dreamweaver CS6 提供的模板和库功能，将具有相同布局结构的页面制作成模板，将相同的元素制作为库项目，以便随时调用。本章将主要介绍在 Dreamweaver CS6 中创建与编辑模板和库的方法。

　　利用模板和库能够加快网页打开的速度，另外，模板和库的自动更新功能可以大大地减少网站更新和维护的工作量。

本模块要点

- 定义模板的区域
- 使用模板创建文档
- 创建和编辑库项目

任务一　使 用 模 板

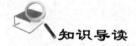
知识导读

　　模板是一种特殊类型的文档，用于设计布局比较"固定的"页面。在 Dreamweaver CS6 中有多种创建模板的方法，可以创建空白模板，也可以创建基于现存文档的模板，除此之外，还可以将现有的 HTML 文档另存为模板，然后根据需要加以修改。

　　新建"moban10-1"模板后设计"个人简历"模板。

步骤

　　步骤 1　打开 Dreamweaver CS6，执行"窗口"→"资源"菜单命令，打开"资源"面板，单击该面板上的"模板"图标按钮，切换到"模板"选项中，如图 10-1 所示。

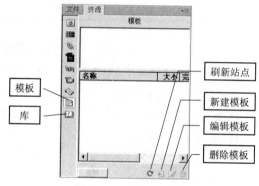

图 10-1　"资源"面板

　　步骤 2　在"资源"面板的右下角单击"新建模板"图标按钮，将新建模板重名为"moban10-1.dwt"如图 10-2 所示。

　　步骤 3　在文档编辑窗口中单击鼠标右键，在弹出的快捷菜单中执行"模板"→"新建重复区域"，如图 10-3 所示，文档编辑窗口中出现"新建重复区域"对话框。

　　步骤 4　在"名称"文本框输入"rr1"后单击"确定"按钮。

　　步骤 5　在图 10-4 所示的"重复区域"里输入"个人简历"，再插入 4 行 2 列表格，如图 10-5 所示。

　　步骤 6　表格的第一行分别输入"个人信息"和"求职意向"，第三行分别输入"学历与获奖"和"技能与爱好"。

　　步骤 7　在表格的第 2 行第 1 列中单击鼠标右键，在弹出的快捷菜单中执行"模板"→"新建可编辑区域"，如图 10-3 所示，文档编辑窗口中出现"新建可编辑区域"对话框。

　　步骤 8　在"名称"文本框输入"gr1"后单击"确定"按钮，结果如图 10-6 所示。

　　步骤 9　用同样的方法在表格的第 2 行第 2 列中新建可编辑区域，在第 4 行的第 1 和第 2 列分别新建可编辑区域。

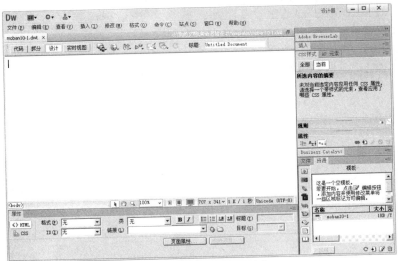

图 10-2　模板 moban10-1.dwt

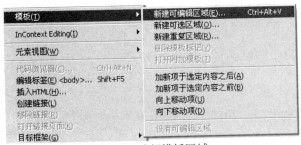

图 10-3　选择模板区域

图 10-4　重复区域

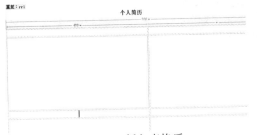

图 10-5　插入表格后

图 10-6　插入可编辑区域后

步骤 10　在 4 个可编辑区域输入相关信息后的结果如图 10-7 所示。

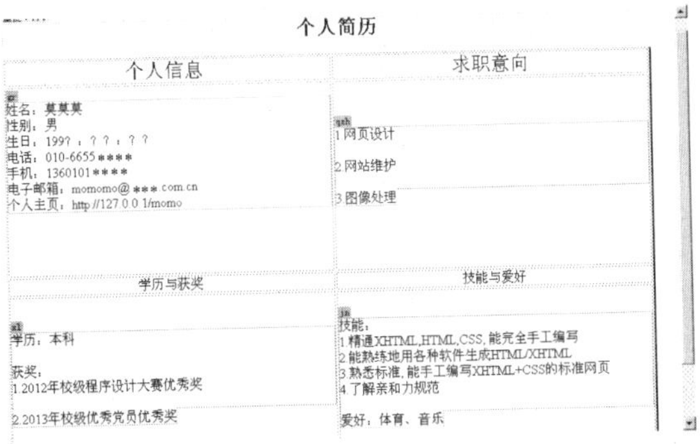

图 10-7　最终的效果

步骤 11 使用<Ctrl+S>组合键保存模板。

任务二 使用模板创建文档

知识导读

如果一个网站的布局比较统一，拥有相同的导航，且显示不同栏目内容的位置基本保持不变，那么这种布局的网站就可以考虑使用模板来创建。例如，个人简历就适合采用模板来进行布局。

子任务 1 创建基于模板的文档

新建一个基于 Dreamweaver CS6 自带的模板的文档 index10-2-1。

步骤

步骤 1 打开 Dreamweaver CS6，如图 10-8 所示。

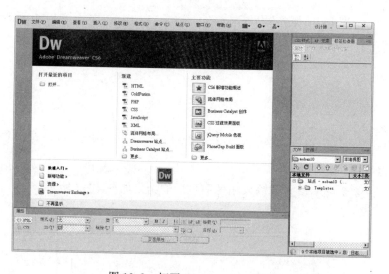

图 10-8 打开 Dreamweaver CS6

步骤 2 执行"文件"→"新建"菜单命令，弹出"新建文档"对话框，如图 10-9 所示。

步骤 3 选择"空白页"→"HTML 模板"→"2 列液态，左侧栏、标题和脚注"选项后单击"创建"按钮，出现的"Untitled-1.html"文件如图 10-10 所示。

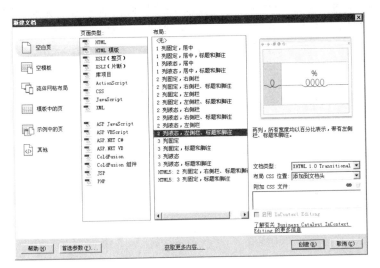

图 10-9 "新建文档"对话框

步骤 4 执行"文件"→"保存"菜单命令后弹出如图 10-11 所示的"另存为"对话框。

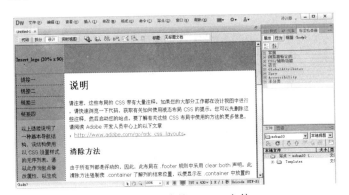

图 10-10 新建的 HTML 文件

图 10-11 保存 index10-2-1.html 文件

步骤 5 在"保存在"下拉列表框中选择"moban10",在"文件名"下拉列表框中输入"index10-2-1.html"后单击"保存"按钮。

步骤 6 浏览 index10-2-1.html 文件。

子任务 2 在现有文档上应用模板

新建一个名为 index10-2-2.html 的文件后应用 moban10-1 模板。

步骤

步骤 1 新建一个名为 index10-2-2.html 的文件。

步骤 2 执行"修改"→"模板"→"应用模板到页（A）"菜单命令，弹出"选择模板"对话框，如图 10-12 所示。

步骤 3 在"模板"列表框中选择"moban10-1"模板后单击"选定"按钮。应用 moban10-1 模板后的 index10-2-2.html 文件设计效果如图 10-13 所示。

图 10-12 "选择模板"对话框

图 10-13 应用模板后

 注意

现在只能修改可编译区域的内容,不能修改其他内容。

步骤 4 执行"修改"→"模板"→"从模板中分离(D)"菜单命令后的结果如图 10-14 所示。

步骤 5 把"个人简历"改为"莫莫莫个人简历",如图 10-15 所示。

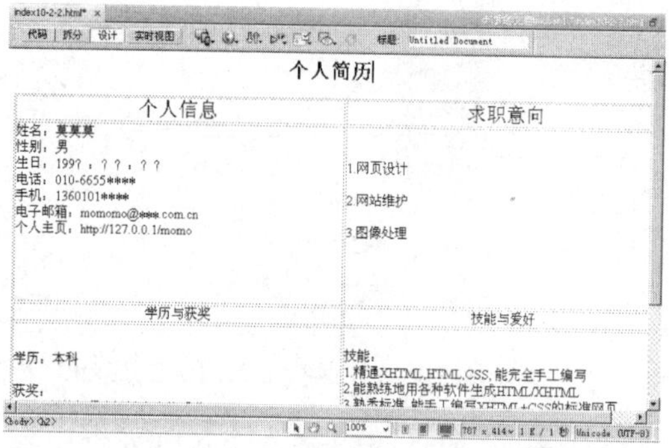

图 10-14 从模板中分离文档后

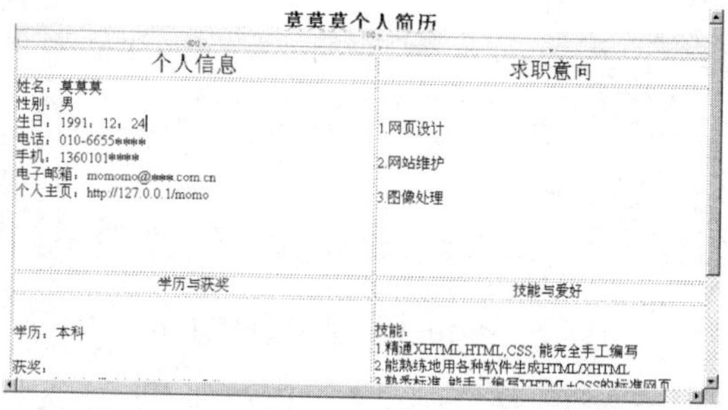

图 10-15 修改后的 index10-2-2.html

步骤 6 浏览 index10-2-2.html 文件。

子任务 3 更新基于模板的页面

首先,在新建 index10-2-3.html 后使用 moban10-1 模板,然后,修改 moban10-1 模板。

步骤

步骤 1 新建 index10-2-3.html 后使用 moban10-1 模板,然后保存(类似子任务 2

的前 3 步）。

步骤 2　打开 moban10-1 模板，如图 10-16 所示。

步骤 3　在"moban10-1"中创建名为"CSS"的文件夹。

步骤 4　新建外部样式表如图 10-17 所示。

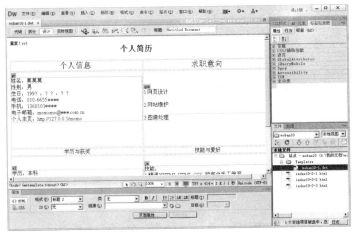

图 10-16　打开 moban10-1 模板　　　　图 10-17　"将样式表文件
另存为"对话框

步骤 5　新建\<h2\>和\<p\>标签 CSS 样式，如图 10-18 所示。

图 10-18　应用 CSS 样式后

步骤 6　保存 moban10-1 模板。

步骤 7　浏览 index10-2-2.html 和 index10-2-3.html，如图 10-19 所示。

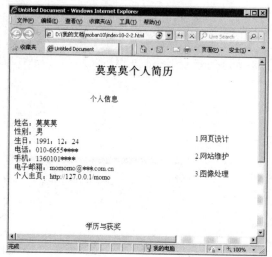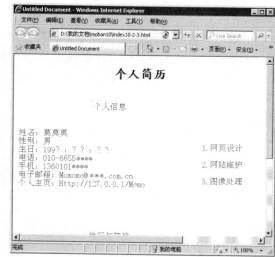

图 10-19 index10-2-2.html 和 index10-2-3.html

任务三 创建、管理和编辑库项目

知识导读

在 Dreamweaver CS6 文档中，可以将任何元素创建为库项目，这些元素包括文本、图像、表格、表单、插件、ActiveX 控件以及 Java 程序等。库项目文件的扩展名为.lbi，所有的库项目都保存在一个文件中，且库文件的默认设置文件夹为"站点文件夹\Library"。

子任务 1 创建库项目

使用库能够有效地减少一些重复性的操作，如链接的设置等。另外，使用库的更新功能还能减少网站的维护工作量。

新建名为"ku10-3"的库项目后插入表格。

步骤

步骤 1 打开 Dreamweaver CS6，执行"窗口"→"资源"菜单命令，打开"资源"面板，单击该面板上的图标按钮，切换到"库"选项中，如图 10-20 所示。

步骤 2 单击"资源"面板右下角的图标按钮 。

步骤 3 新建库文件并把其文件名改为"ku10-3"，如图 10-21 所示。

步骤 4 插入 1 行 4 列表格，设置如图 10-22 所示。

步骤 5 保存 ku10-3.lbi 库。

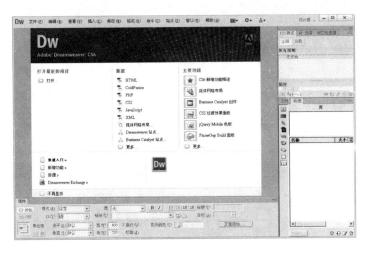

图 10-20　切换到"库"选项

图 10-21　新建 ku10-3.lbi 库文件

图 10-22　插入表格后的库

 注意

保存库与保存模板步骤一样。

子任务 2　使用库项目

新建名为"index10-3.html"的文件后使用 ku10-3 库。

步骤

步骤 1　新建 index10-3.html 文件，如图 10-23 所示。

步骤 2　在图 10-23 的资源框内，将"ku10-3"库文件拖到左侧的 index10-3.html 中，结果如图 10-24 所示。

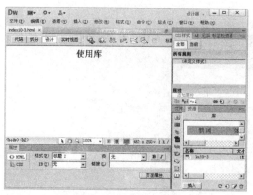

图 10-23 插入库前　　　　　　　图 10-24 插入库后

 注意

在模板上也可以插入库。

步骤 3　保存 index10-3.html 文件。

步骤 4　打开 ku10-3 库文件后，在表格下面输入"修改库文件"，如图 10-25 所示。保存 ku10-3 库文件时将弹出"更新库项目"对话框，如图 10-26 所示，此时单击"更新"按钮即可。

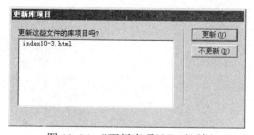

图 10-25 修改库文件后　　　　　　　图 10-26 "更新库项目"对话框

步骤 5　浏览 index10-3.html，效果如图 10-27 所示。

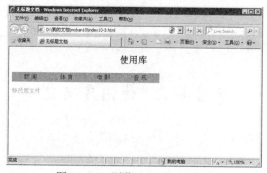

图 10-27 浏览 index10-3.html

任务四　利用模板创建案例

制作一个"个人简历"网页。

步骤

步骤 1 新建一个名为 "lizi" 的站点，在 lizi 站点新建两个文件夹，分别为 Image 和 CSS 文件夹。

步骤 2 将需要用到的图片放到 Image 文件夹里。

步骤 3 新建名为 "index.dwt" 的模板。

步骤 4 新建名为 "rr1" 的重复区域，在 rr1 里面新建名为 "er1" 的可编辑区域，如图 10-28 所示。

步骤 5 新建名为 "rr2" 的重复区域。

步骤 6 在 rr2 中插入 7 行 2 列表格。

步骤 7 在表格的每行的第 2 列中新建名为 "er2" 等 7 个可编辑区域。

步骤 8 在表格下面新建 4 个可编辑区域，如图 10-29 所示。

步骤 9 保存 index.dwt 模板。

图 10-28 网页的头部模板

图 10-29 个人简历框架

步骤 10 新建名为 "geshi.css" 的外部标签样式表，如图 10-30 所示。

图 10-30 添加外部样式

步骤 11 新建名为 "index.html" 的文件。

步骤 12　在 index.html 文件中应用"index"模板。

步骤 13　录入信息后保存 index.html 文件。

步骤 14　浏览 index.html 文件，效果如图 10-31 所示。

图 10-31　最终的效果

学 材 小 结

理论知识

1）模板的区域是＿＿＿＿＿、＿＿＿＿＿和＿＿＿＿＿。

2）执行"＿＿＿＿"→"＿＿＿＿"菜单命令，打开"资源"面板。

3）执行"＿＿＿＿"→"＿＿＿＿"→"＿＿＿＿"菜单命令，弹出"选择模板"对话框。

实训任务

实训　在模板中插入库（必做）

【实训目的】

掌握模板和库的定义及应用。

【实训内容】

本例首先新建名为"ku1.lbi"的库文件，然后新建名为"mb1.dwt"的模板文件，最后在模板中插入 ku1.lbi 库文件。

【实训步骤】

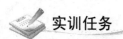

步骤 1　打开 Dreamweaver CS6，执行"窗口"→"资源"菜单命令，打开"资源"面

板，单击该面板上的"＿＿"按钮，切换到"库"选项中。

步骤 2 单击"资源"面板右下角的图标按钮。

步骤 3 新建库文件并将其文件名改为"ku1.lbi"。

步骤 4 插入图片后保存 ku1.lbi 库文件。

步骤 5 执行"窗口"→"资源"菜单命令，打开"资源"面板，单击该面板上的"＿＿"按钮，切换到"模板"选项中。

步骤 6 新建名为"mb1.dwt"的模板文件。

步骤 7 打开"资源"面板，单击该面板上的"＿＿"按钮，切换到"库"选项中，将 ku1.lbi 库文件拖到 mb1.dwt 模板文件上。

步骤 8 保存 mb1.dwt 模板文件。

拓展练习

1）制作关于个人主页的模板。

2）使用模板创建新的个人主页。

模块十一

连接数据库创建动态网页

本模块导读

所谓动态网页，就是该网页文件不仅含有 HTML 标记，而且含有可以在服务器端运行的程序代码，并且以.asp 等特殊扩展名命名的网页。动态网页能够根据不同的时间、不同的来访者以及不同的原始数据显示不同的内容，还可以根据浏览者的即时操作和即时请求，动态改变并生成网页内容。

ASP 是当前主流的动态网页技术之一，Dreamweaver CS6 对基于 ASP 技术的动态网页设计提供了非常出色的支持，能够通过可视化的方式完成网页的创建以及数据库程序的编写，开发过程中几乎不用或很少编写任何程序代码，就可以快速高效地创建具有各种功能的 ASP 应用程序。

开发动态网页的流程一般为：分析项目要求、建立数据库、定义动态站点、创建静态网页、创建数据源、建立数据连接、创建记录集、添加服务器端行为、测试和调试网页。

本模块以常见的访客留言板为示例，逐步讲解如何用 Dreamweaver 创建一个完整的动态网站，从而讲述如何搭建本地服务器、数据库的创建和连接、操作数据表记录以及使用服务器行为等内容。

本模块要点

- 如何在 IIS 7 中配置服务器环境
- 如何在 Dreamweaver CS6 中创建动态网页
- 如何在 Access 2007 中建立 Web 数据库
- 如何在 Dreamweaver CS6 中连接并操作 Web 数据库

任务一　创建并浏览动态网页

知识导读

1. 基本概念

这里介绍的动态网页，与网页上的各种动画、滚动字幕等视觉上的"动态效果"没有直接关系，动态网页既可以是纯文字的内容，也可以是包含各种动画的内容，这些只是网页具体内容的表现形式，无论网页是否具有动态效果，采用动态网站技术生成的网页都称为动态网页。

ASP（Active Server Page，动态服务器页面）是当前使用较为广泛的一种动态网页技术。ASP是微软公司开发的代替CGI脚本程序的一种应用，它可以与数据库和其他程序进行交互，是一种简单、方便的编程工具。ASP的网页文件的格式是.asp，现在常用于各种动态网站中。ASP是一种服务器端脚本编写环境，可以用来创建和运行动态网页或 Web 应用程序。ASP网页可以包含 HTML 标记、普通文本、脚本命令以及 COM 组件等。利用 ASP 可以向网页中添加交互式内容（如在线表单），也可以创建使用 HTML 网页作为用户界面的 Web 应用程序。与 HTML 相比，ASP 网页具有以下特点：

1）利用 ASP 可以突破静态网页无法实现的一些功能限制，实现动态网页技术。

2）ASP 文件是包含在 HTML 代码所组成的文件中的，易于修改和测试。

3）服务器上的 ASP 解释程序会在服务器端执行 ASP 程序，并将结果以 HTML 格式传送到客户端浏览器上，因此，使用各种浏览器都可以正常浏览 ASP 所产生的网页。

4）ASP 提供了一些内置对象，使用这些对象可以使服务器端脚本功能更强。例如，可以从 Web 浏览器中获取用户通过 HTML 表单提交的信息，并在脚本中对这些信息进行处理，然后向 Web 浏览器发送信息。

5）ASP 可以使用服务器端 ActiveX 组件来执行各种各样的任务，如存取数据库、发送 E-mail 或访问文件系统等。

6）由于服务器是将 ASP 程序执行的结果以 HTML 格式传回客户端浏览器，因此使用者不会看到 ASP 所编写的原始程序代码，可防止 ASP 程序代码被窃取。

ASP 程序必须在服务器端运行，一般由 IIS 中的 ASP 解释程序负责运行 ASP 代码，并返回标准的 HTML 文本。

IIS（Internet Information Server，互联网信息服务）是一种 Web（网页）服务组件，其中包括 Web 服务器、FTP 服务器、NNTP 服务器和 SMTP 服务器，分别用于网页浏览、文件传输、新闻服务和邮件发送等方面，它使得在网络（包括互联网和局域网）上发布信息成了一件很容易的事情。

2. 用 Dreamweaver 开发动态网页

Dreamweaver CS6 在集成了动态网页的开发功能后，就由网页设计工具变成了网站开发工具。Dreamweaver CS6 提供众多的可视化设计工具、应用开发环境及代码编辑支持，集成程度高，开发环境精简而高效。开发人员和设计师能够快速地创建代码应用程序，构建功能强大的网络应用程序，而不需要编写复杂的代码。

Dreamweaver CS6 可以使用当前流行的 Web 编程语言和服务器技术中的任意一种来创建动态 Web 站点，这些语言和技术包括 ASP、.NET、JSP、PHP 和 ColdFusion。本模块以 IIS 为 Web 服务器平台，使用 ASP（VBScript 脚本）作为动态网页的开发技术。

使用 Dreamweaver CS6 开发动态网页的一般流程为：

1）分析项目的要求，建立数据库。

2）定义一个站点。

3）创建静态网页。

4）建立数据连接。

5）在网页中创建记录集。

6）在网页中添加服务器行为。

7）测试和调试网页。

子任务 1　安装服务器平台

ASP 动态网页必须要在服务器平台下运行，Windows 2000 以上操作系统（不包括 Windows XP Home 版）都可以安装 ASP 动态网页的服务器平台，即 Internet Information Server（IIS）。本模块中的所有任务都将使用 Windows 7（旗舰版）系统加 IIS 7 作为 ASP 动态网页的支持平台。

Windows 7（旗舰版）安装完成后，系统一般不包含 IIS，需要手动进行安装，步骤如下：

步骤

步骤 1　右键单击"计算机"，选择"添加/删除程序"，或右键单击"计算机"，选择"控制面板"→"程序和功能"，弹出如图 11-1 所示的窗口。

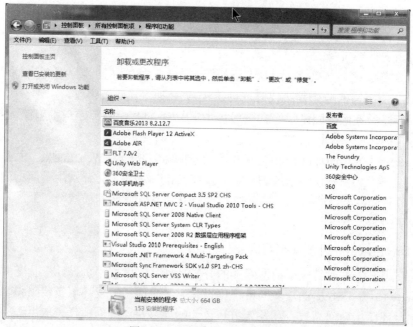

图 11-1　"程序和功能"窗口

步骤2 单击左边的"打开或关闭 Windows 功能"选项，弹出"Windows 功能"窗口，如图 11-2 所示。

步骤3 选中"Internet 信息服务"前的复选框，可以选中安装 IIS 中主要的组件。然后单击"确定"按钮，系统开始更改功能，如图 11-3 所示。

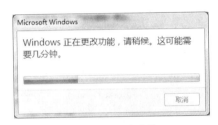

图 11-2 "Windows 功能"窗口   图 11-3 更改功能

步骤4 上述步骤结束后，IIS 7 的安装完成，关闭相应对话框即可。

子任务2 配置服务器平台

IIS 7 安装完成后，需要对其进行配置才能运行指定的动态网页。配置步骤如下：

步骤

步骤1 在本机硬盘中建立准备放置网站的文件夹，如"F:\module111"。

步骤2 右键单击桌面上的"计算机"，选择"管理"，打开"计算机管理"面板，如图 11-4 所示。

步骤3 展开左侧的"服务和应用程序"→"Internet 信息服务（IIS）管理器"，在右侧会出现本机的名称，展开后右键单击"网站"，选择"添加网站"，打开"添加网站"对话框，如图 11-5 所示。

步骤4 在"网站名称"中为要制作的网站定义一个名称，如"cs6book"；在"物理路径"中选择刚建立的网站文件夹，如"F:\module111"；在"绑定"中的"类型"下拉列表中选择"http"，表示为非加密网站；"IP 地址"是将来访问网站使用的网站地址，用于本机调试时，可以使用"127.0.0.1"，如需要对外提供服务，则应该使用本机网卡的 IP 地址"端口"是本网站的网络端口编号，HTTP 默认为 80；其他选项保持默认。

步骤5 单击"确定"按钮以建立新网站，可能会弹出如图 11-6 所示的对话框，表示还有一个同样使用 80 端口的网站，一般是默认的"Default Web Site（默认网站）"。

步骤 6 单击"是"按钮，将创建新的网站，并使用一个重复的 IP 和端口绑定；多个网站进行重复绑定时，只能同时启动其中一个网站。因此，在"Default Web Site（默认网站）"上单击右键，选择"管理网站"→"停止"以停用默认网站，并用同样的方法启用新创建的网站"cs6book"，如图 11-7 所示。

步骤 7 双击右侧"IIS"组下的"ASP"图标： ，打开 ASP 参数修改页面，如图 11-8 所示。设置其中的"启用父路径"为"True"，并单击右侧操作面板中的"应用"，以保存设置。

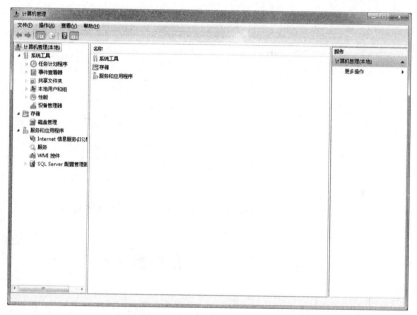

图 11-4 计算机管理

图 11-5 "添加网站"对话框

图 11-6 重复绑定提示

194

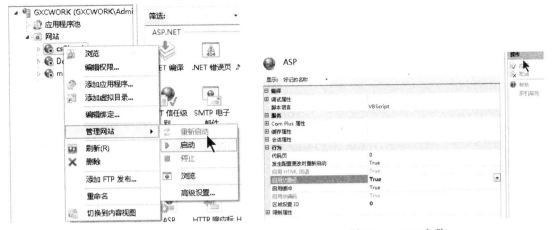

图 11-7 启动网站 　　　　　　　　　　　　图 11-8 ASP 参数

双击右侧"IIS"组下的"默认文档"图标：，打开默认文档参数修改页面，如图 11-9 所示。单击"添加"在其中加入一个名为"index.asp"的默认文档，并上移至最顶层。

步骤 8 双击右侧"IIS"组下的"目录浏览"图标：，打开目录浏览参数修改页面，如图 11-10 所示。单击右侧操作面板的"启用"，以启用"目录浏览"功能。"目录浏览"功能一般只在调试时使用，如需要对外提供服务，一般应该禁用该功能。

图 11-9 默认文档 　　　　　　　　　　　　图 11-10 目录浏览

步骤 9 因为笔者使用的是 64 位计算机系统，其 IIS 默认不支持 32 位的应用程序，将导致后面的 32 位 Access 数据库引擎不能使用，所以需要打开 IIS 应用程序池的 32 位程序支持。打开应用程序池，找到与网站同名的"cs6book"程序池，如图 11-11 所示。

步骤 10 在"cs6book"程序池上单击右键，选择"高级设置…"，打开"高级设置"对话框，如图 11-12 所示。修改其中的"启用 32 位应用程序"为"True"，并单击"确定"按钮。

步骤 11 至此，已完成对 IIS 7 的基本配置。

步骤 12 下面测试服务器平台是否搭建成功。

在网站根目录中建立文本文件"asptest.txt"，打开后输入如下内容（注意除汉字外全部为半角字符）：

```
<%=response.Write（"ASP 演示"）%>
```

保存并关闭文件，然后将其改名为"asptest.asp"。

打开 IE 浏览器，在地址栏中输入"http://127.0.0.1/asptest.asp"（引号除外），如果页面中能显示出"ASP 演示"字样，表示服务器平台搭建成功，否则需检查以上步骤是否正确执行。

图 11-11　应用程序池

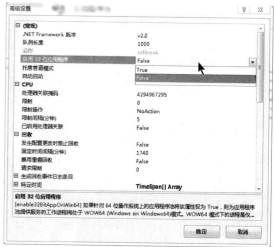

图 11-12　"高级设置"对话框

信息卡

Internet Information Services 7.0（IIS 7）不仅是一个 Web 服务器，它更是一个安全性增强、易于管理的平台，适用于开发和可靠地寄存 Web 应用程序和服务。

此外，IIS 7 是 Windows Web 平台的主要增强技术，在统一的 Microsoft Web 平台技术—— ASP.NET、Windows Communication Foundation Web 服务和 Windows SharePoint Services 中扮演着中心角色。若要体验 IIS 7 的强大功能，需下载 Windows Server 2008 Release Candidate。

IIS 7 是微软公司发布的强大的 Web 服务器，它提供了一组新功能，极大地改进了开发、部署和管理 Web 解决方案的方式。IIS 7 的模块化设计使管理员拥有了前所未有的对其 Web 服务器控制的能力。

灵活、可扩展的 IIS 7 为开发人员自定义 Web 服务器提供了全新的机会。丰富的管理功能使得在 IIS 7 上部署和管理 Web 应用程序比在任何其他 Web 服务器上更加简单和有效。

IIS 7 强大的诊断和故障排除功能帮助用户快速鉴别并分类问题，极大地减少了停机时间。有关 IIS 7 更多信息，可访问 http://www.iis.net/。

使用 IIS 7 可以：

➤ 通过从微观上控制 Web 服务器大小，最大限度地减少补丁和降低安全风险。

➤ 通过新的扩展性框架快速应用强大的 Web 解决方案。

➤ 通过应用程序的简化部署和配置加快面市时间。

➤ 通过更有效地管理 Web 基础结构，降低管理成本。

➤ 通过快速解决应用程序故障，减少 Web 站点停机时间。

子任务 3　创建并运行动态网页

动态网页的运行本身与网页编辑工具（如 Dreamweaver）无关，但为了在 Dreamweaver 中方便进行测试，即使用<F12>键来预览网页，则需要在站点配置中增加对动态网页的支持。完整的配置步骤如下：

步骤

步骤 1　打开新建站点向导，如图 11-13 所示。在"站点"组中，"站点名称"文本框中输入"asp 留言板"，"本地站点文件夹"文本框中，输入"F:\module11\1"。

步骤 2　在"服务器"组中，单击右侧列表下的"+"号，为新站点配置一个可用的服务器。输入基本信息如图 11-14 所示，其中的服务器文件夹与上文文件夹相同。

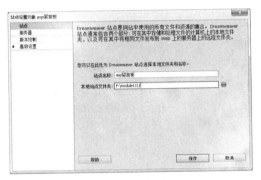

图 11-13　开始新建站点

图 11-14　服务器基本设置

步骤 3　在"高级"设置页面中设置服务器其他参数，如图 11-15 所示。本例中测试服务器就是本机，网站存储在同一位置，不需要自动上传文件到服务器；同时，没有多人协同工作，不需要文件取出功能。

步骤 4　单击"保存"按钮完成服务器的添加，该服务器就会出现在站点配置的界面中，如图 11-16 所示。勾选"远程"和"测试"复选框，表示该服务器为远程服务器，并作为网站的调试服务器使用。

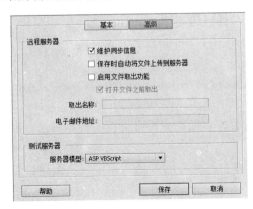

图 11-15　服务器高级设置

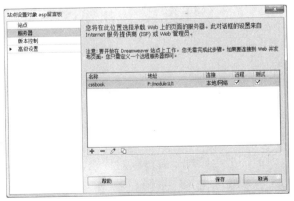

图 11-16　服务器列表

197

步骤 5 再次单击"保存"按钮完成新站点的添加。在 Dreamweaver 中打开站点下的 asptest.asp 文件，按<F12>键进行预览，如果能在打开的浏览器页面中显示出"ASP 演示"字样，表示站点配置成功，否则需检查以上步骤是否正确执行。

信息卡

测试服务器的连接方法有若干项，其中比较常用的两项是"本地/网络"和"FTP"。

1）"本地/网络"：表示该服务器发布的文件地址在本地计算机上，或者与本地计算机在同一共享网络中，可以直接访问到。

2）"FTP"：表示该服务器发布的文件地址在另一台计算机上，在本地可以使用 FTP 进行登录访问，需要提供该服务器分配的 FTP 地址、端口号、用户权限、根目录等信息。

以上两种连接都描述了测试服务器发布的文件位置。如果该位置在本地计算机，并且与站点的本地站点文件夹相同，则制作的页面可以直接在该服务器中测试；如果该位置在 FTP 位置上，或与本地站点文件夹不相同，则制作的页面必须同步更新到服务器上，之后才能进行测试。

在服务器列表后的"远程"和"测试"选项介绍如下。

1）"远程"：该服务器将用于本网站的实际发布运行，一般不在本地计算机上，可以是 FTP 连接的另一台独立的服务器。

2）"测试"：该服务器只用于对本网站进行测试和调试，一般个人开发会将本地计算机配置为一台测试服务器；多人开发时会共享一台测试服务器。

 注意

Dreamweaver 中对测试服务器目录与远程目录的定义是不同的，前者指安装有 IIS 环境，可以测试网站的服务器目录，可以是本地目录，也可以是另一台服务器上的目录；后者一般指网站将来要对网站访问者提供访问服务的目录，一般是在另一台专用的服务器中，特殊情况时也可以和测试服务器相同，或者与本地目录相同（即直接在服务器上进行编辑，从安全上考虑不推荐这样做）。

任务二　在 Access 2007 中创建数据库

 知识导读

本任务将在 Access 2007 中为留言板网站创建数据库。简单分析留言板的数据需求，如下所示：

1）需要存储每一条留言的标题、内容、时间，以及留言者的姓名、邮箱、头像地址及 QQ 号，以上都为文本数据。

2）需要存储管理员对每一条留言回复信息，内容为文本数据。

3）需要设立留言管理员，来删除、修改和回复留言，则需要存储管理员的登录用户名及密码，用于身份验证。

4）需要对指定留言进行删除、修改、回复、查看操作，因此需要为每条留言分配一个唯一的编号。

5）留言内容与管理员回复文本文字一般较多，使用备注类型；留言时间使用日期/时间类型；留言编号使用数字型的自动编号；其他字段均使用 50 字节的文本，即 25 个以内的汉字。

根据以上分析，用到的数据表及结构见表 11-1 和表 11-2。

表 11-1 Message Table 表结构

列名	数据类型	长度	允许为空	字段说明
ID	自动编号		否	自动编号的唯一索引
MessTitle	文本	50	否	留言标题
MessContents	备注		否	留言内容
MessTime	日期/时间		否	留言时间
ReplyContents	备注		是	管理员回复内容
VisiName	文本	50	否	访客名字
VisiEMail	文本	50	是	访客邮箱
VisiImage	文本	50	否	访客头像
VisiQQ	文本	50	是	访客 QQ

表 11-2 Manage User 表结构

列名	数据类型	长度	允许为空	字段说明
UserName	文本	50	否	管理员用户名
PassWord	文本	50	否	管理员密码

其中，Message Table 表存储留言板留言及管理员回复数据；Manage User 表为管理员表。

步骤

步骤 1 启动 Microsoft Access 2007，打开 Office 按钮下的"新建"，在右侧窗格中，单击"浏览"按钮，从中选择保存类型为"Microsoft Office Access 2002-2003 数据库（*.mdb）"，输入新数据库名称为"DataBase.mdb"，并保存在目录 F:\module11\1 中，如图 11-17 所示。

步骤 2 单击"创建"按钮后，将新建名为"DataBase.mdb"的文件数据库。新数据库将自动打开且创建一个名为"表 1"的空表，并进入表的数据视图，如图 11-18 所示。

图 11-17 新建数据库

图 11-18 新创建的空数据表

步骤 3 切换到设计视图，并输入新表的名称为"MessageTable"，再按表 11-1 所示输入各字段。

步骤 4 选中 ID 字段，单击设计面板下的"主键"按钮，将 ID 字段设计为主键。选中 MessTime 字段，设置"默认值"为"Now()"。完成后如图 11-19 所示。

步骤 5 单击"保存"按钮，关闭设计视图，完成 MessageTable 表的创建。

步骤 6 双击 MessageTable 表，打开数据查看与输入界面，输入两条示例数据，供下一步调试程序用。示例数据见表 11-3。

图 11-19 输入各字段后的表设计器

表 11-3 Message Table 表示例数据

ID	MessTitle	MessContents	MessTime	ReplyContents	VisiName	VisiEMail	VisiImage	VisiQQ
1	第一条留言	第一条留言内容	2009-2-22 21:49:37	第一条留言回复内容	张三	zs@**.com	1a212516.jpg	578160**
2	第二条留言	第二条留言内容	2009-2-22 21:49:37	第二条留言回复内容	李四	ls@**.com	1a212724.jpg	578160**

输入完成后如图 11-20 所示。

图 11-20 留言表示例数据

步骤 7 用相同的方法创建表 ManageUser，设置 UserName 字段为主键，并输入如图 11-21 所示的示例数据。完成后的数据表如图 11-22 所示。

表 11-21 Manage User 表示例数据

图 11-22 完成两个数据表的创建

任务三 连接并读取 Access 数据库

知识导读

要在网站中使用数据库，必须与数据库建立连接。

子任务 1 连接到 Access 数据库

要在 ASP 中操作数据库，首先要创建一个指向该数据库的连接。在 Dreamweaver 中，数据库连接有两种方式，一是使用连接字符串，二是使用 ODBC 数据源。下面使用连接字符串连接 Access 数据库。

步骤

步骤 1 在 Dreamweaver 中新建类型为"ASP VBScrip"的空白页，保存为"F:\module11\1\Index.asp"。

步骤 2 展开"数据库"面板，如图 11-23 所示。如前 3 项不全有对勾，需检查站点设置及文档类型设置是否正确。

步骤 3 单击图标按钮⬛，选择"自定义连接字符串"，打开"自定义连接字符串"对话框，如图11-24所示。

步骤 4 在"连接名称"中输入"conn"，这是自定义的代表特定数据库连接的名称，后面的所有数据库操作都将通过该连接进行；在"连接字符串"中输入"Provider=Microsoft.

图 11-23 "数据库"面板

Jet.OLEDB.4.0;Data Source=F:\module11\1\database.mdb"。然后单击"测试"按钮，如果提示"成功创建连接脚本"，则表示连接成功，否则需检查连接字符串是否正确录入。

步骤 5 单击"确定"按钮，保存该连接，"数据库"面板将显示连接"conn"，逐层展开前面的"+"号，可以查看数据库中的表和字段；右键单击表名，选择"查看数据"，可以查看表的所有数据记录，如图 11-25 所示。

图 11-25 查看数据库中的表和字段

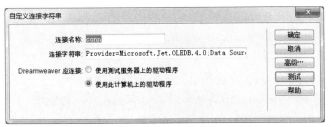

图 11-24 "自定义连接字符串"对话框

知识点详解

1. ODBC 与 OLE DB

ODBC（Open Database Connectivity，开放数据库互连）：是微软公司引进的一种早期数据库接口技术。它实际上是 ADO 的前身。早期的数据库连接是非常困难的，每个数据库的格式都不一样，开发者得对他们所开发的每种数据库的底层 API 有深刻的了解。因此，能处理各种各样数据库的通用的 API 就出现了，也就是现在的 ODBC。

OLE DB（对象链接和嵌入数据库）位于 ODBC 层与应用程序之间。在 ASP 页面里，ADO 是位于 OLE DB 之上的"应用程序"，ADO 调用先被送到 OLE DB，然后再交由 ODBC 处理。

值得注意的是 OLE DB 对 ODBC 的兼容性，允许 OLE DB 访问现有的 ODBC 数据源。其优点很明显，由于 ODBC 相对 OLE DB 来说使用得更为普遍，因此可以获得的 ODBC 驱动程序相应地要比 OLE DB 多。这样不一定要得到 OLE DB 的驱动程序，就可以立即访问原有的数据系统。

提供者位于 OLE DB 层，而驱动程序位于 ODBC 层。如果想使用一个 ODBC 数据源，需要使用针对 ODBC 的 OLE DB 提供者，它会接着使用相应的 ODBC 驱动程序。如果不需要使用 ODBC 数据源，那么可以使用相应的 OLE DB 提供者，这些通常称为本地提供者（native provider）。

可以清楚地看出使用 OLE DB 提供者意味着需要一个额外的层。因此，当访问相同的数据时，针对 ODBC 的 OLE DB 提供者可能会比本地的 OLE DB 提供者的速度慢一些。

2. 使用连接字符串连接数据库

SQL Server 数据库与 Access 数据库是在 Windows 平台下使用较为广泛的两种数据库系统，下面只给出这两种数据库的一般连接字符串。每种数据库都有 ODBC 与 OLE DB 两种连接方式，OLE DB 连接比 ODBC 更高一级，但一般速度慢一些。

（1）连接 SQL Server 数据库　假设数据库服务器名称为 Aron1，IP 为 130.120.110.*，使用端口号为 1433，数据库名为 pubs，授权用户名为 sa，密码为 asdasd，服务器网络名为 dbmssocn（TCP/IP 替代 Named Pipes）。在实际使用时，以上参数应按实际情况修改。

1）ODBC 方式。

① 当服务器在本地网络内时，Server 可以使用服务器计算机名称：

```
"Driver={SQL Server};Server=Aron1;Database=pubs;Uid=sa;Pwd=asdasd;"
```

② 当服务器为本机时，Server 可以使用（local）：

```
"Driver={SQL Server};Server=（local）;Database=pubs;Uid=sa;Pwd=asdasd;"
```

③ 当连接远程服务器时，Server 需指定 IP 地址、端口号和网络库：

```
"Driver={SQL Server};Server=130.120.110.*;Address=130.120.110.*,1433;
         Network=dbmssocn;Database=pubs;Uid=sa;Pwd=asdasd;"
```

2）OLE DB 方式。

① 当服务器在本地网络内时，Data Source 可以使用服务器计算机名称：

```
"Provider=sqloledb;Data Source=Aron1;Initial Catalog=pubs;User Id=sa;Password=asdasd;"
```

② 当连接远程服务器时，Data Source 需指定 IP 地址、端口号和网络库：

> "Provider=sqloledb;Data Source=130.120.110.*,1433;Network Library= dbmssocn;
>
> Initial Catalog=pubs;User ID=sa;Password=asdasd;"

 注意

> Address 参数与 Data Source 参数必须为 IP 地址，而且必须包括端口号。

（2）连接Access数据库　假设数据库为F:\module11\1\ DataBase.mdb，连接用户名为默认的admin，密码为空。在实际使用时，以上参数应按实际情况修改。

1）ODBC 方式。

① 标准共享连接：

> "Driver={Microsoft Access Driver（*.mdb）};Dbq= F:\module11\1\ DataBase.mdb;
>
> Uid=Admin;Pwd=;"

② 独占连接：

> "Driver={Microsoft Access Driver（*.mdb）};Dbq= F:\module11\1\ DataBase.mdb;
>
> Exclusive=1;Uid=admin;Pwd="

2）OLE DB 方式。标准连接：

> "Provider=Microsoft.Jet.OLEDB.4.0;Data Source= F:\module11\1\ DataBase.mdb;
>
> User Id=admin;Password=;"

 注意

> 1）Access 数据库为文件型数据库，数据库文件必须放在网站根目录或其下级目录中。
>
> 2）当网站实际发布前，应将连接字符串中的数据库路径，即 Dbq 属性或 Data Source 属性改为网站下的相对路径，如 "\DataBase.mdb" 或 "DataBase.mdb"。
>
> 3）在网站发布前，建议将数据库扩展名修改为.asp 或其他服务器脚本文件的扩展名，同时修改连接字符串中的数据库文件名。这样可以防止浏览者通过网络下载数据库文件，造成重要数据泄露。
>
> 4）以上连接方式中使用的驱动程序一般都是32位，在64位系统及 IIS 下不能正常工作，需要在 IIS 中启用对 32 位应用程序的兼容支持。

3. 使用 ODBC 数据源连接数据库

使用 ODBC 数据源也可以连接到数据库，在"数据库"面板中，单击图标按钮 ，选择"数据源名称（DSN）"，打开"数据源名称（DSN）"对话框，如图 11-26 所示。

如果本机就是测试服务器，则在下面的"Dreamweaver 应连接"中选择"使用本地DSN"，否则选择"使用测试服务器上的 DSN"。

图 11-26　选择数据源

如果要使用本地 DSN，但未在本地定义指向要连接数据库的 DSN，可单击"定义"按钮打开"ODBC 数据源管理器"对话框，并选择其中的"系统 DSN"选项卡，如图 11-27 所示。

单击"添加"按钮，在弹出的对话框中列出了本机安装的支持各种数据库系统的驱动程序，如图 11-28 所示。

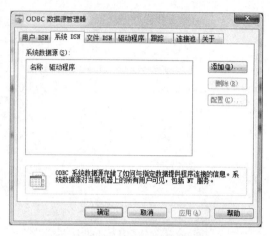

图 11-27　ODBC 数据源管理器

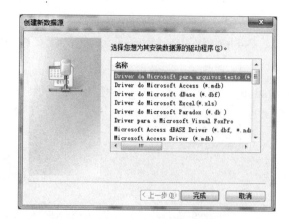

图 11-28　选择驱动程序

连接 Access 数据库一般选择"Microsoft Access Driver（*.mdb）"，然后单击"完成"按钮，弹出"ODBC Microsoft Access 安装"对话框，如图 11-29 所示。

在"数据源名"文本框中输入自定义的数据源名称，如"MyDSN"，然后单击"选择"按钮，在弹出的"选择数据库"对话框中选择 E:\module11\1\DataBase.mdb，然后单击"确定"按钮，如图 11-30 所示。

图 11-29　"ODBC Microsoft Access 安装"对话框

图 11-30　选择数据库

再次单击"确定"按钮，回到"ODBC 数据源管理器"对话框，如图 11-31 所示。

选择列表中的"MyDSN"，再单击"确定"按钮，返回 Dreamweaver 环境。此时可能需要先关闭"选择数据源（DSN）"对话框并再次打开，然后才能在数据源名称列表中看到刚添加的 MyDSN。

在"连接名称"文本框中输入自定义名称"conn"，在"数据源名称（DSN）"下拉列表中选择"MyDSN"，在"用户名"文本框中输入"admin"，"密码"文本框留空不输入，如图 11-32 所示，最后单击"确定"按钮即可连接到指定数据库。

图 11-31 添加了数据源的管理器界面

图 11-32 完成输入的"数据源名称（DSN）"对话框

 注意

1）Access 数据库的用户名默认为 admin，密码默认为空，如果创建数据库时设置了密码，则要按实际情况填写。

2）如果选择了"使用测试服务器上的 DSN"，则需要在"数据源名称（DSN）"中指定测试服务器上指向网站数据库的数据源。

3）上述在"ODBC 数据源管理器"中的操作，只是在测试服务器上创建了数据源，如果网站发布到了另一台网站服务器上，则需要重新在网站服务器上创建数据源，并指向网站内的数据库。

子任务 2　从 Access 2007 数据库中读取数据记录

步骤

步骤 1　在 index.asp 文件中，创建如图 11-33 所示的表格及页面，用于显示留言数据。

图 11-33 留言列表页面

步骤 2　打开"绑定"面板，单击图标按钮，选择"记录集"，打开"记录集"对话框。依次选择"连接"为"conn"，"表格"为"MessageTable"，"筛选"为"无"，"排序"为"MessTime""降序"，然后单击"确定"按钮完成绑定。绑定信息如图 11-34 所示。

步骤 3　使用标签选择器选中最外层表格的第二行 <tr> 标签，即包含一条留言内容的表格行；然后打开"服务器行为"面板，单击图标按钮，选择"重复区域"，

图 11-34 "记录集"对话框

弹出"重复区域"对话框，如图 11-35 所示，设定"显示"5 条记录，单击"确定"按钮即可。

步骤 4 选中表格中"标题"后的示例文本，如图 11-36 所示。

图 11-35 "重复区域"对话框　　图 11-36 选中"标题"后示例文本

步骤 5 然后打开"服务器行为"面板，单击图标按钮 ，选择"动态文本"，打开"动态文本"对话框，选择"域"为"MessTitle"，格式为"修整-两侧"，如图 11-37 所示。然后单击"确定"按钮，即可完成"留言标题"与"MessTitle"字段的绑定。

步骤 6 重复上一步操作，依次完成"留言内容""留言时间""管理员回复""访客名字""访客邮箱"以及"访客 QQ 号"的绑定。

步骤 7 选中访客头像图片，单击属性面板中"源文件"后的"浏览文件"图标按钮，打开"选择图像源文件"对话框，切换"选择文件名自："为"数据源"；选择域为"VisiImage"，并在自动生成的"URL"内容前加上图片所在的路径"images/UserImage/"，即"URL"内容设置为：

images/UserImage/<%=（Recordset1.Fields.Item（"VisiImage"）.Value）%>

如图 11-38 所示，单击"确定"按钮，完成图片动态属性的添加。

图 11-37 "动态文本"对话框

图 11-38 "选择图像源文件"对话框

注意

<%=（Recordset1.Fields.Item（"VisiImage"）.Value）%>代表当前记录中表示头像文件名的 VisiImage 字段的值，与 images/UserImage/连接构成了图像的完整路径。

步骤 8 选中网页中"分页"栏中的"首页"，打开"服务器行为"面板，单击图标按钮 ，选择"记录集分页"→"移至第一条记录"，在弹出的对话框中直接单击"确定"按钮，即可实现分页功能中跳转到"首页"的功能。

步骤9 依次完成"上一页""下一页"及"末页"的跳转功能,当留言记录大于 5 条时,就可以使用分页跳转功能,在不同的数据页间跳转。

完成以上几个步骤后的网页设计视图如图 11-39 所示。

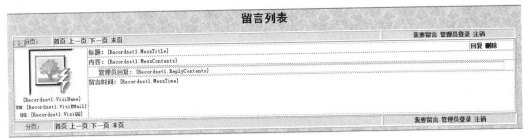

图 11-39 网页设计视图

当前"应用程序"面板中包含的"服务器行为"如图 11-40 所示。

至此,已经完成数据库中留言数据的读取与显示功能,按<F12>键可以预览网页完成的效果,如图 11-41 所示。

图 11-40 "服务器行为"列表

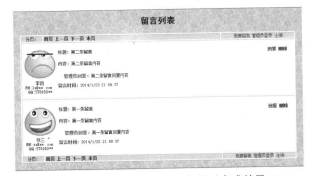

图 11-41 留言数据的读取与显示完成效果

知识点详解

1. 创建记录集(查询)

记录集是根据查询关键字在数据库中查询得到的数据库中记录的子集。记录集由查询来定义,查询则由搜索条件组成,这些条件决定了在记录集中应该包括什么、不应该包括什么。查询结果可以包括某些字段,或者某些记录,或者是两者的结合。

创建记录集的操作要在"记录集"对话框中完成,如图 11-42 所示。

主要参数介绍如下。

图 11-42 "记录集"对话框

➢ 名称:创建的记录集的名称。

➢ 连接:用来指定一个已经建立好的数据库连接,如果在"连接"下拉列表中没有可用的连接出现,则可单击其右边的"定义"按钮建立一个连接。

- ➢ 表格：选取已连接数据库中的要查询的表。
- ➢ 列：若要使用所有字段作为一条记录中的列项，则单击"全部"单选按钮，否则应单击"选定的"单选按钮，然后从下面列表中选择要查询的列。
- ➢ 筛选：设置记录集仅包括数据表中符合筛选条件的记录。它包括 3 个下拉列表，分别可以完成用于筛选记录的条件字段、条件表达式、条件参数类型，以及一个文本框，表示条件参数变量名。如分别选择"ID""=""URL 参数"，并输入参数变量名"USERID"，则表示查询条件为数据库字段 ID 的值应该等于从 URL 地址中传递过来的参数 USERID 的值。
- ➢ 排序：设置记录的显示顺序。它包括两个下拉列表，在第 1 个下拉列表中可以选择要排序的字段，在第 2 个下拉列表中可以设置升序或降序。

2. 添加服务器行为

服务器行为是一些典型、常用的可定制的 Web 应用代码模块。若要向页面添加服务器行为，除在"服务器行为"面板中选择以外，也可以利用菜单项"插入记录"→"数据对象中"插入，或从"数据"工具栏中插入。

（1）插入重复区域 "重复区域"服务器行为用于按同一格式，连续显示多条数据记录。如果要在一个页面上显示多条记录，必须指定一个包含动态内容的选择区域作为重复区域。任何选择区域都能转变成重复区域，最普通的是表格、表格的行，或者一系列的表格行甚至是一些字母、文字等。

在"重复区域"对话框中，可以设定每页显示的记录数，与记录集分页功能配合分页显示数据；也可以选择"所有记录"，一次性显示记录集中的全部数据。

（2）动态文本 动态文本用于向页面中动态添加当前记录的某个字段的值，并以网页文本的样式显示。"动态文本"对话框中的格式列表中，列出了可以对动态数据进行的格式化操作，如修剪空格、数字四舍五入、求百分比、转换编码、格式化日期时间、求绝对路径、转换大小写等。

代码中给出添加了格式代码后的 ASP 代码，一般可按网页要求进行简单的编辑。一般代码格式如：<%= Trim((Recordset1.Fields.Item("VisiName")Value))%>，其中的"<%"与"%>"是 ASP 代码的标志，表示两者之间括起来的是 ASP 代码；"="表示后面连接的是一个表达式，要求 ASP 计数表达式的值，并把结果输出到网页中；Trim()是去掉字符串两端空格的函数；Recordset1 是当前记录集的名称；记录集.Fields.Item("").Value 是获取记录集某个字段值的固定格式；VisiName 是字段名称，注意一定要在两端加上双引号。

（3）记录集分页 Dreamweaver提供的"记录集分页"服务器行为，实际上是一组将当前页面和目标页面的记录集信息整理成URL地址参数的程序段。

"记录集分页"子菜单中主要的功能介绍如下。

- ➢ 移至第一条记录：创建跳转到记录集显示子页第一页的链接。
- ➢ 移至前一条记录：创建跳转到当前记录集显示子页前一页的链接。
- ➢ 移至下一条记录：创建跳转到当前记录集显示子页下一页的链接。
- ➢ 移至最后一条记录：创建跳转到记录集显示子页最后一页的链接。
- ➢ 移至特定记录：从当前页跳转到指定记录显示子页的某一页的链接。

任务四 数据库的基本操作

子任务 1 添加留言到数据库中

步骤

步骤 1 在站点内新建文件 WriteMess.asp，创建如图 11-43 所示的表单及页面，用于访客写留言，并在 index.asp 页中添加到该页的链接，位置随意。

各表单控件名称为：标题（textMessTitle）、内容（textMessContents）、我的名字（textVisiName）、我的邮箱（textVisiEMail）、我的 QQ 号（textVisiQQ）、我的头像（selectVisiImage）、我的头像图片（img1）。

其中头像列表的创建可以用手工输入的方式，也可以使用 ASP 的文件系统对象从图片目录中自动获取，其基本思路为：当从列表中选择图片名称时，可以触发一个行为脚本，用代码获取列表中记录的图片文件名，并设置到图片的 src 属性中，以显示该图片。对该功能的实现，这里不再详述，只给出完成代码及简单注释（斜体为注释）：

图 11-43 "WriteMess.asp" 表单及页面

```
<!--VbScript 客户端脚本-->
<script language="vbscript">
<!--
sub ChangSelect()
    rem 处理图片列表选择项更改的函数
    dim val
    rem 获取表单 form1 中的 select1 的当前选择项的 value 值
    val=document.form1.select1.options（document.form1.select1.options.selectedIndex）.value
    rem 将上面获取的值与图片路径"images/UserImage/"连接后赋给图片 img1 的 src 属性
    rem 完成选择图片的显示
    document.form1.img1.src="images/UserImage/" & val
end sub
-->
</script>
<!--VbScript 客户端脚本结束-->

<!--图片列表代码开始-->
<select name="selectVisiImage" class="tinput" id="selectVisiImage" onchange="ChangSelect()">
<%
```

209

```
Set fso=Server.Createobject("Scripting.FileSystemObject")          '获取文件系统对象到fso
path=Server.MapPath("images\UserImage")          '获取图片目录的服务器绝对路径
if fso.FolderExists(path)then          '如果图片目录存在
    Set fol = fso.GetFolder(path)          '获取代表图片目录的对象fol
    set fc = fol.Files          '获取图片目录下的文件集合到fc
    i=1          '初始化图片计数为1
    For Each f1 in fc          '用循环变量f1遍历图片集合fc中所有图片
        s= f1.name          '获取当前图片文件的文件名到s
        response.Write("<option value=" & s & "")          '输出列表的当前行的前一半
        if i=1 then          '如果当前是第一个图片
            response.Write(" selected")          '则选择该行
            s0=s          '记录文件名到s0
        enf if
        response.Write(">头像" & i & "</option>")          '输出列表的当前行的后一半
        i=i+1          '图片计数加1
    Next          '继续获取下一个图片
end if          '结束if条件
%>
</select>
<!--图片列表代码结束-->
<!--用来显示头像的图片控件，其中s0为上面记录的第一个图片的文件名-->
<img src="images/UserImage/<%=s0%>" name="img1" width="96" height="96" id="img1" />
```

此外，还需要对标题（textMessTitle）、内容（textMessContents）和我的名字（textVisiName）三个文本框进行输入验证，只有三项内容全部输入后才允许提交表单，方法参照其他相关模块。

步骤 2 打开"服务器行为"面板，单击图标按钮 ，选择"插入记录"，打开"插入记录"对话框，如图 11-44 所示。

步骤 3 依次设置"连接"为"conn"、"插入到表格"为"MessageTable"、"插入后，转到"为"index.asp"、"获取值自"为"form1"，然后选择"表单元素"中的第一行"textMessTitle 插入到列中'MessTitle'（文本）"，在下面的"列"中选择"MessTitle"列（字段），完成标题字段的插入。用同样的方法为其他表单元素选择列（字段）。单击"确定"按钮保存设置，如图 11-45 所示。

图 11-44 "插入记录"对话框

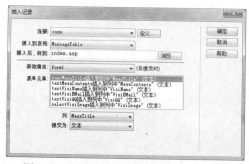

图 11-45 完成后的"插入记录"对话框

步骤 4 保存文档后按<F12>键预览，在 IE 浏览器中就可以输入留言信息，并提交和保存到数据库中了。

知识点详解

添加服务器行为——插入记录

一般来说，要通过 ASP 页面向数据库中添加记录，需要提供输入数据的页面，这可以通过创建包含表单对象的页面来实现。利用 Dreamweaver CS6 的"插入记录"服务器行为，就可以向数据库中添加记录。

"插入记录"对话框中主要参数介绍如下。

➢ "连接"：用来指定一个已经建立好的数据库连接，如果在"连接"下拉列表中没有可用的连接出现，则可单击其右边的"定义"按钮建立一个连接。

➢ "插入到表格"：在下拉列表中选择要插入数据的表的名称。

➢ "插入后，转到"：在该文本框中输入一个文件名或单击"浏览"按钮选择一个网页，当完成插入数据操作后，将跳转到该页面。如不输入该地址，则插入记录后刷新该页面。

➢ "获取值自"：在该下拉列表中指定输入数据的 HTML 表单。

➢ "表单元素"：在列表中指定数据库中要插入的表单元素与数据库字段的对应关系。先选择一个表单元素，然后在"列"下拉列表中选择字段，在"提交为"下拉列表中选择提交元素的类型，完成表单元素与字段的对应。一般情况，如果表单对象的名称和被设置字段的名称一致，Dreamweaver 会自动建立对应关系。

子任务 2 创建管理员登录功能

步骤

步骤 1 在站点内新建文件"login.asp"，创建如图 11-46 所示的表单及页面，用于管理员身份验证，并在 index.asp 页中添加到该页的链接，位置随意。

表单中"用户名"文本框名称为"textUserName"，"密码"文本框名称为"textPassWord"，"返回"链接到 index.asp。

图 11-46 管理员登录页面

步骤 2 打开"服务器行为"面板，单击图标按钮 ➕，选择"用户身份验证"→"登录用户"，出现"登录用户"对话框，如图 11-47 所示。

步骤 3 依次设置"从表单获取输入"为"form1"、"用户名字段"为"textUserName"、"密码字段"为"textPassWord"、"使用连接验证"为"conn"、"表格"为"ManageUser"、"用户名列"为"UserName"、"密码列"为"PassWord"、"如果登录成功，转到"为"index.asp"、"如果登录失败，转到"为"login.asp"、"基于以下项限制访问"为"用户名和密码"。

单击"确定"按钮保存设置。完成后的界面如图 11-48 所示。

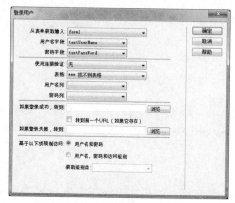

图 11-47 "登录用户"对话框

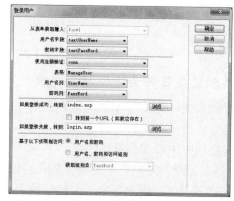

图 11-48 完成后的"登录用户"对话框

步骤 4 保存文档后按<F12>键预览，可以输入示例数据中的用户名与密码进行登录，如果验证通过，将跳转到 index.asp 页面，否则会刷新本页，要求重新登录。

步骤 5 在 index.asp 页中，添加"注销"字样，并选中文本；打开"服务器行为"面板，单击图标按钮，选择"用户身份验证"→"注销用户"，将其中"在完成后，转到"改为"index.asp"。单击"确定"按钮保存设置。完成后的对话框如图 11-49 所示。

图 11-49 完成后的"注销用户"对话框

步骤 6 保存文档后按<F12>键预览，可以通过单击"注销"链接，注销已经登录过的管理员用户。

知识点详解

添加服务器行为——用户身份验证

为了对网站一些特权操作进行管理，需要进行用户登录和身份验证。通常采用用户注册（新用户取得访问权）→登录（验证用户是否合法）→访问授权的页面→注销（结束授权访问）这一模式来实施管理。

（1）用户注册 用户注册与一般的插入记录过程基本相同，需要先创建提供用户信息数据的表单，然后定义"插入记录"服务器行为，用于将用户信息插入数据库。

然后需要定义一个"检查新用户名"的行为，用于验证插入记录的指定字段的值在记录集中是否唯一。单击"服务器行为"面板中的图标按钮，在弹出的菜单中选择"用户身份验证"→"检查新用户名"选项，弹出的对话框如图 11-50 所示。

在"用户名字段"下拉列表中选择需要验证的记录字段，将验证该字段在记录集中是否唯一，如果字段的值已经存在，那么可以在"如果已存在，则转到"文

图 11-50 "检查新用户名"对话框

本框中指定引导用户跳转的页面。

（2）用户登录　用户登录功能用于接收用户输入的登录信息，验证该用户是否具有特定权限，如通过验证，则引导到授权访问的页面。

用户登录前，必须在数据库中创建包含用户名与密码字段的用户权限表。然后在页面中创建接收用户输入登录信息的表单，并使用"登录用户"对话框设置身份验证。

"登录用户"对话框中的主要参数介绍如下。

➤ "从表单获取输入"：在下拉列表中选择接收哪一个表单的提交。

➤ "用户名字段"：在下拉列表中选择用户名所对应的文本框。

➤ "密码字段"：在下拉列表中选择密码所对应的文本框。

➤ "使用连接验证"：在下拉列表中确定使用哪一个数据库连接。

➤ "表格"：在下拉列表中确定使用数据库中的哪一个表格。

➤ "用户名列"：在下拉列表中选择用户名对应的数据库字段。

➤ "密码列"：在下拉列表中选择密码对应的数据库字段。

➤ "如果登录成功，转到"：如果登录成功（即验证通过），则将用户引导到文本框中指定的页面。

➤ "转到前一个 URL（如果它存在）"：勾选该复选框后，如果登录成功将转到本页的前一页，一般是需要验证身份的页面。

➤ "如果登录失败，转到"：如果登录失败（即验证未通过），则将用户引导到文本框中指定的页面。

➤ "基于以下项限制访问"：可以选择是否包含权限级别验证。

（3）注销用户　"注销用户"行为可以消除当前登录用户的登录信息，去除其访问授权页面的权限。当想要再次访问授权页面时，需要重新进行登录。

"注销用户"对话框中的主要参数介绍如下。

➤ "单击链接"：指的是当用户单击页面中指定链接时执行注销操作。

➤ "页面载入"：指的是加载本页面时执行注销操作。

➤ "在完成后，转到"：在该文本框中输入完成"注销"操作后要跳转到的页面。

子任务 3　修改并回复留言

步骤

步骤 1　打开文件 index.asp，选择留言标题后面的"回复"文字，打开"服务器行为"面板，单击图标按钮⊞，选择"转到详细页面"，打开"转到详细页面"对话框，设置"详细信息页"为"ReplyMess.asp"、"传递 URL 参数"为"ID"、"记录集"为"Recordset1"、"列"为"ID"，完成后的对话框如图 11-51 所示。

步骤 2　在站点内新建文件 ReplyMess.asp，创建如图 11-52 所示的表单及页面，用于管理员修改留言内容，并回复留言。

图 11-51 完成后的"转到详细页面"对话框

图 11-52 ReplyMess.asp 表单及页面

"管理员回复"文本框的名称为"textReplyContents",其他各表单控件名称、头像列表的创建以及输入验证与 WriteMess.asp 文件完全相同。

步骤 3 打开"服务器行为"面板,单击图标按钮 ⊞,选择"记录集",打开"记录集"对话框,设置"连接"为"conn"、"表格"为"MessageTable"。

步骤 4 设置"筛选"为"ID",后面的筛选条件变为可选,设置符号为"="、来源为"URL 参数"、参数名为"ID",即在数据库表 MessageTable 中筛选 ID 字段等于 URL 参数 ID 的记录。单击"确定"按钮保存设置,如图 11-53 所示。

步骤 5 选择表单中的文本框"textMessTitle",打开"服务器行为"面板,单击图标按钮 ⊞,选择"动态表单元素"→"动态文本字段",在弹出的"动态文本字段"对话框中,单击"将值设置为"后的图标按钮 🖉,选择记录集中的"MessTitle"字段,单击"确定"按钮。再单击"确定"按钮保存设置。完成后的对话框如图 11-54 所示。

图 11-53 完成后的"记录集"对话框

图 11-54 完成后的"动态文本字段"对话框

步骤 6 用相同的方法依次完成文本框"textVisiName""textVisiQQ""textVisiEMail""textReplyContents"和"textMessContents"的设置。

步骤 7 切换到代码视图,将"selectVisiImage"下拉列表代码中的:

```
response.Write("<option value='" & s & "'")    //输出列表的当前行的前一半
if i=1 then                                     //如果当前是第一个图片
    response.Write(" selected")                 //则选择该行
    s0=s                                        //记录文件名到 s0
enf if
response.Write(">头像" & I & "</option>")       //输出列表的当前行的后一半
```

214

改为：

response.Write("<option value=" & s & "'")	//输出列表的当前行的前一半
if s= Recordset1.Fields.Item("VisiImage").Value then	//如果是同一个图片
response.Write(" selected")	//选择该行
s0=s	//则记录文件名到 s0
end if	
response.Write(">头像" & i & "</option>")	//输出列表的当前行的后一半

 注意

　　修改之前的代码是将从目录中遍历到的第一个图片作为下拉列表的默认图片记录下来；修改之后的代码是将目录中与数据库当前记录中存储图片相同的图片作为下拉列表的默认图片记录下来。

　　步骤 8　打开"服务器行为"面板，单击图标按钮，选择"更新记录"，打开"更新记录"对话框，如图 11-55 所示。

　　步骤 9　修改"连接"为"conn"、"要更新的表格"为"MessageTable"、"选取记录自"为"Recordset1"、"唯一键列"为"ID"、"在更新后，转到"为"index.asp"，各表单元素将自动完成对应。单击"确定"按钮保存设置。完成后的对话框如图 11-56 所示。

图 11-55　"更新记录"对话框

图 11-56　完成后的"更新记录"对话框

　　步骤 10　保存文档，按<F12>键预览 index.asp，单击任一条留言的"回复"链接后，可以打开 ReplyMess.asp，查看到该留言的数据，管理员可以修改和回复该留言。

　　步骤 11　打开"服务器行为"面板，单击图标按钮，选择"用户身份验证"→"限制对页的访问"，打开"限制对页的访问"对话框，在"如果访问被拒绝，则转到"文本框中输入"login.asp"，即可阻止没有登录过的用户访问该页面，如图 11-57 所示。

图 11-57　"限制对页的访问"对话框

知识点详解

添加服务器行为

更新记录的服务器行为与插入记录的服务器行为的创建方法比较相似,只是要在更新记录前筛选出要更新的记录,筛选记录要与"转到详细页面"行为相配合。

(1)转到详细页面 在结果页(实例中是留言板主页)中,创建"转到详细页面"行为,可以将指定记录的唯一标识字段(实例中是ID字段)作为参数传递到另一个页面,在另一个页面就可以在记录集中进行筛选了。

"转到详细页面"对话框的主要参数介绍如下。

1)"链接":在该下拉列表中可以选择要把行为应用到哪个链接上。如果在文档中选择了动态内容,则会自动选择该内容。

2)"详细信息页":在该文本框中输入细节对应页面的 URL 地址,或单击右边的"浏览"按钮选择页面。

3)"传递 URL 参数":在该文本框中输入要通过 URL 传递到细节页中的参数名称,然后设置以下选项的值。

> "记录集":选择通过 URL 传递参数所属的记录集。

> "列":选择通过 URL 传递参数所属记录集中的字段名称,即设置 URL 传递参数的值的来源。

4)"URL 参数":勾选此复选框,表示将结果页中的 URL 参数传递到细节页上。

5)"表单参数":勾选此复选框,表示将结果页中接收到的表单值以 URL 参数的方式传递到细节页上。

(2)更新记录 利用"更新记录"服务器行为,可以在页面中实现更新数据记录操作。"更新记录"对话框中的主要参数介绍如下。

1)"连接":用来指定一个已经建立好的数据库连接,如果在"连接"下拉列表中没有可用的连接出现,则可单击其右边的"定义"按钮建立一个连接。

2)"要更新的表格":在该下拉列表中选择要更新的表的名称。

3)"选取记录自":在该下拉列表中指定页面中绑定的"记录集"。

4)"唯一键列":在该下拉列表中选择关键列,以识别在数据库表单上的记录。如果值是数字,则应该勾选"数值"复选框。

5)"在更新后,转到":在该文本框中输入一个 URL,这样表单中的数据更新之后将转向这个 URL。

6)"获取值自":在该下拉列表中指定页面中表单的名称。

7)"表单元素":在列表中指定 HTML 表单中的各个对象与数据库字段的对应更新关系。

8)"列"及"提交为":设置对应更新关系时,在"列"下拉列表中选择与表单域对应的字段列名称,在"提交为"下拉列表中选择字段的类型。

(3)限制对页的访问 "限制对页的访问"服务器行为可以阻止没有登录过的用户访问

该页面。

"限制对页的访问"对话框的主要参数介绍如下。

1）"基于以下内容进行限制"：选择"用户名和密码"，即只要用户名和密码适合要求，就不限制对内容的访问；选择"用户名、密码及访问级别"，同时在级别定义中定义访问级别的名称，可以按一定的级别进行内容的限制访问。

2）"如果访问被拒绝，则转到"：在该文本框中输入一个 URL，这样如果访问被拒绝，则转向这个 URL。

子任务 4　删 除 留 言

步骤

步骤 1　打开文件 index.asp，选择留言标题后面的"删除"文字，打开"服务器行为"面板，单击图标按钮 ➕，选择"转到详细页面"，打开"转到详细页面"对话框，设置"详细信息页"为"DeleteMess.asp"、"传递 URL 参数"为"ID"、"记录集"为"Recordset1"、"列"为"ID"，完成后的对话框如图 11-58 所示。

步骤 2　在站点内新建文件 DeleteMess.asp，创建如图 11-59 所示的表单及页面，用于管理员查看和删除留言。

图 11-58　完成后的"转到详细页面"对话框

图 11-59　"删除留言"页面

步骤 3　打开"服务器行为"面板，单击图标按钮 ➕，选择"记录集"，打开"记录集"对话框，设置"连接"为"conn"、"表格"为"MessageTable"。

步骤 4　设置"筛选"为"ID"，后面的筛选条件变为可选，设置符号为"="、来源为"URL 参数"、参数名为"ID"，即在数据库表 MessageTable 中筛选 ID 字段等于 URL 参数 ID 的记录。单击"确定"按钮保存设置。完成后的对话框如图 11-60 所示。

步骤 5　将光标放在标题后面的单元格中，打开"服务器行为"面板，单击图标按钮 ➕，选择"动态文本"，在弹出的对话框中选择"MessTitle"字段，即动态显示字段到表格中。用相同的方法添加其他文本字段到表格中。

步骤 6　在头像后面的单元格中添加一个图片，选择文件名为数据源中的"VisiImage"字段，并在 URL 前加上图片路径"Images\UserImage\"，具体操作参照上文。

步骤 7　打开"服务器行为"面板，单击图标按钮 ➕，选择"删除记录"，打开"删除记录"对话框，设置"连接"为"conn"、"从表格中删除"为"MessageTable"、"选取记录自"为"Recordset1"、"唯一键列"为"ID"、"提交此表单以删除"为"form1"、

模块十一 连接数据库创建动态网页

"删除后，转到"为"index.asp"，单击"确定"按钮保存。完成后的对话框如图 11-61 所示。

图 11-60 完成后"记录集"对话框

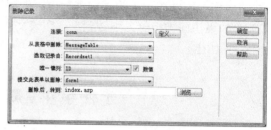

图 11-61 完成后"删除记录"对话框

步骤 8 打开"服务器行为"面板，单击图标按钮，选择"用户身份验证"→"限制对页的访问"，在"如果访问被拒绝，则转到"文本框中输入"login.asp"，即可阻止没有登录过的用户访问本页面。

步骤 9 保存文档，按<F12>键预览 index.asp，单击任一条留言的"删除"链接后，可以打开 DeleteMess.asp，查看到该留言的数据，也可以删除该条留言。

至此，访客留言板已经全部完成。在发布网站前，应手动编辑"Connections"下的 conn.asp 文件，修改其中的：

MM_conn_STRING = "Provider=Microsoft.Jet.OLEDB.4.0;Data Source=e:\module11\1\database.mdb"

为：

MM_conn_STRING = "Provider=Microsoft.Jet.OLEDB.4.0;Data Source=" & Server.MapPath（"database.mdb"）

其中"Server.MapPath"用于将文件相对路径转换为服务器相对路径，以使代码的运行与网站存储位置无关。

知识点详解

添加服务器行为——删除记录

"删除记录"服务器行为也需要在删除记录前筛选出要删除的记录。"删除记录"页面一般要先显示已经存在的数据，然后通过提交包含数据的表单，以删除数据。

"删除记录"对话框的主要参数介绍如下。

1）"连接"：在该下拉列表中选择要更新的数据库连接。如果没有连接数据库，那么可以单击"定义"按钮定义数据库连接。

2）"从表格中删除"：在该下拉列表中选择从哪个表中删除记录。

3）"选取记录自"：在该下拉列表中选择使用的记录集的名称。

4）"唯一键列"：在该下拉列表中选择要删除记录所在表的关键字字段，如果关键字字段的内容是数字，则需要勾选其右侧的"数值"复选框。

5）"提交此表单以删除"：在该下拉列表中选择提交删除操作的表单名称。

6）"删除后，转到"：在该文本框中输入删除记录后将跳转到页面的 URL 地址。

学 材 小 结

理论知识

1）ASP 动态网页必须要在服务器平台下运行，＿＿＿＿＿＿＿＿以上操作系统都可以安装 ASP 动态网页的服务器平台——Internet 信息服务管理器，其英文全称为＿＿＿＿＿＿＿＿，简称 IIS。

2）Web 服务的默认网络端口是＿＿＿＿＿；在本机调试时，可以使用 IP 地址＿＿＿＿＿＿，如需要对外提供服务，则应该使用＿＿＿＿＿＿＿＿＿＿＿＿。

3）设置虚拟目录属性时，如果想在浏览器中看到目录下文件和子目录的列表，应当在主目录选项卡中设定＿＿＿＿＿＿＿＿＿＿＿＿＿＿，在文档选项卡中设定＿＿＿＿＿＿＿＿
＿＿＿＿＿＿。

4）ASP 技术主要使用的脚本语言为＿＿＿＿＿＿＿＿和＿＿＿＿＿＿＿＿。

5）连接字段串"Driver={Microsoft Access Driver（*.mdb）};Dbq=E:\Module11\1\DataBase.mdb;Uid=Admin;Pwd=;"中，"Driver"表示＿＿＿＿＿＿＿＿，"Dbq"表示＿＿＿＿＿＿＿，"Uid"表示＿＿＿＿＿＿＿，"Pwd"表示＿＿＿＿＿＿＿。

6）数据源（DSN）包括三类，分别是＿＿＿＿＿＿＿、＿＿＿＿＿＿＿和＿＿＿＿＿＿，可以在 Dreamweaver 直接连接的是＿＿＿＿＿＿＿。

7）在创建记录集时，如何想筛选记录集中 ID 字段等于 URL 参数中 EditID 值的记录，则"筛选"后面的 4 个项目设置分别为：＿＿＿＿＿＿＿、＿＿＿＿＿＿＿、＿＿＿＿＿＿和＿＿＿＿＿＿。

8）记录集分页中每页显示的记录应该在＿＿＿＿＿＿＿对话框的＿＿＿＿＿＿＿属性中设置。

9）Server.MapPath 方法可以将＿＿＿＿＿＿＿＿＿路径转换为＿＿＿＿＿＿＿＿＿。

实训任务

实训 使用系统 DSN 数据源连接数据库

【实训目的】
掌握系统 DSN 的创建方法，以及使用系统 DSN 数据源连接数据库的过程。

【实训内容】
为指定的数据库创建名为 MyDSN 的系统 DSN，并在 Dreamweaver 中连接到该 DSN。设置数据库路径为"e:\db.mdb"，所有者为"admin"，密码为"123456"。

【实训步骤】

步骤

步骤 1 打开"计算机"，单击左侧的"控制面板"，双击＿＿＿＿＿＿＿，双击＿＿＿＿

_____，打开 ODBC 数据源管理器，如图 11-62 所示。

步骤 2 选择其中的_____选项卡。

步骤 3 单击"添加"按钮，在弹出的对话框中列出了本机安装的支持各种数据库系统的驱动程序，如图 11-63 所示。

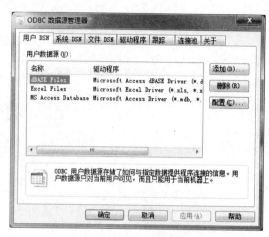

图 11-62 ODBC 数据源管理器

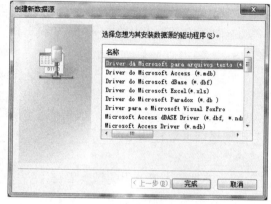

图 11-63 选择驱动程序

步骤 4 连接 Access 数据库一般选择_____，然后单击"完成"按钮，然后弹出"ODBC Microsoft Access 安装"对话框，如图 11-64 所示。

步骤 5 在"数据源名"文本框中输入自定义的数据源名称，如"MyDSN"，然后单击_____，在弹出的"选择数据库"对话框中选择"db.mdb"，如图 11-65 所示，然后单击"确定"按钮。

图 11-64 "ODBC Microsoft Access 安装"对话框

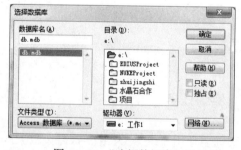

图 11-65 "选择数据库"对话框

步骤 6 单击"高级"按钮，在弹出的对话框中设置登录名称为_____，密码为_____。

步骤 7 再次单击"确定"按钮，回到"ODBC 数据源管理器"对话框，如图 11-66 所示。

步骤 8 再次单击"确定"按钮，完成系统 DSN 的创建。

步骤 9 打开 Dreamweaver 环境，展开"应用程序"面板，打开其中的_____选项卡，如图 11-67 所示。

图 11-66 添加了 DSN 的管理器界面

图 11-67 "数据库"选项卡

步骤 10 单击图标按钮 ![+]，选择"数据源名称（DSN）"，打开"数据源名称（DSN）"对话框，如图 11-68 所示。

图 11-68 选择数据源

步骤 11 如果本机就是测试服务器，则在下面的"Dreamweaver 应连接"中选择＿＿＿＿＿＿＿＿＿＿＿＿＿＿＿＿＿，否则选择＿＿＿＿＿＿＿＿＿＿＿＿＿＿＿＿＿＿＿。

步骤 12 在"连接名称"文本框中输入自定义名称"conn"，在"数据源名称（DSN）"下拉列表中选择＿＿＿＿＿＿＿＿＿，在"用户名"文本框中输入"admin"，在"密码"文本框中输入"123456"。

步骤 13 然后单击"确定"按钮即可连接到指定数据库。

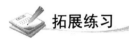 **拓展练习**

1）制作一个按日期存储的记事本。要求可以按日期输入事件，并可以按日期排序显示为列表，数据多时要求分页显示。

2）制作一个分类信息网站。要求可以分类存储文本型的信息，可以编辑分类目录，然后按分类输入每条信息的内容；要求在首页显示每个分类及分类下最新的 N 条信息，单击分类后的"更多"可以打开一个分类下的信息列表；单击首页或分类列表中的信息标题可以在新窗口显示该信息的内容。

模块十二

网站规划、建设、发布与维护

本模块导读

一个网站的成功与否与建站前的网站规划有着极为重要的关系。在建立网站前应明确建设网站的目的，确定网站的功能，确定网站规模、投入费用，进行必要的市场分析等。只有详细的规划，才能避免在网站建设中出现的很多问题，使网站建设能顺利进行。

网站建设完成后，要发布到网络服务器才能被大众访问。发布一个网站，一般需要申请网站空间、申请域名、上传文件等步骤。

网站正式投入运行后，其日常维护也是非常重要的工作，将伴随着网站的生存期而存在。网络维护一般指对网站页面的修改和功能的增删等，一般可以使用 Dreamweaver 中提供的 FTP 远程文件管理及维护功能。

本模块以一个企业网站建设为示例，逐步讲解如何进行前期规划，以及如何发布、管理和维护一个网站。

本模块要点

● 如何进行网站的前期规划
● 用 Dreamweaver 进行网站建设的完整实例
● 如何使用 FTP 发布网站
● 如何使用 Dreamweaver CS6 维护远程网站

任务一 网站前期规划

知识导读

网站规划是指在网站建设前对市场进行分析、确定网站的目的和功能，并根据需要对网站建设中的技术、内容、费用、测试、维护等进行规划。网站规划对网站建设起到计划和指导的作用，对网站的内容和维护起到定位作用。

网站规划一般以网站规划书的形式给出。网站规划书应该尽可能涵盖网站规划中的各个方面，网站规划书的写作要科学、认真、实事求是。

网站规划书包含的内容如下：

1. 建设网站前的市场分析

1）相关行业的市场是怎样的，市场有什么样的特点，是否能够在互联网上开展公司业务。

2）市场主要竞争者分析，竞争对手上网情况及其网站规划、功能作用。

3）企业自身条件分析、企业概况、市场优势，可以利用网站提升哪些竞争力，建设网站的能力（费用、技术、人力等）。

2. 建设网站目的及功能定位

1）为什么要建立网站？是为了宣传产品，进行电子商务，还是建立行业性网站？是企业的需要还是市场开拓的延伸？

2）整合公司资源，确定网站功能。根据公司的需要和计划，确定网站的功能：产品宣传型、网上营销型、客户服务型、电子商务型等。

3）根据网站功能，确定网站应达到的目的和作用。

4）企业内部网（Intranet）的建设情况和网站的可扩展性。

3. 网站技术解决方案

根据网站的功能确定网站技术解决方案。

1）确定是采用自建服务器，还是租用虚拟主机。

2）选择用 UNIX、Linux 还是 Windows 2000/NT。同时，分析投入成本、功能、开发、稳定性和安全性等。

3）确定采用系统性的解决方案，如 IBM、HP 等公司提供的企业上网方案、电子商务解决方案，还是自己开发。

4）网站安全性措施，防黑、防病毒方案。

5）相关程序开发，如网页程序 ASP、JSP、CGI、数据库程序等。

4．网站内容规划

1）根据网站的目的和功能规划网站内容，一般企业网站应包括：公司简介、产品介绍、服务内容、价格信息、联系方式、网上定单等基本内容。

2）电子商务类网站要提供会员注册、详细的商品服务信息、信息搜索查询、定单确认、付款、个人信息保密措施、相关帮助等。

3）如果网站栏目比较多，则考虑采用网站编程专业人员负责相关内容。注意：网站内容是网站吸引浏览者最重要的因素，无内容或不实用的信息不会吸引匆匆浏览的访客。可事先对人们希望阅读的信息进行调查，并在网站发布后调查人们对网站内容的满意度，以及时调整网站内容。

5．网页设计

1）网页涉及美术设计，网页美术设计一般要与企业整体形象一致，要符合 CI 规范。同时，要注意网页色彩、图片的应用及版面规划，保持网页的整体一致性。

2）在新技术的采用上要考虑主要目标访问群体的分布地域、年龄阶层、网络速度、阅读习惯等。

3）制定网页改版计划，如半年到一年时间进行较大规模改版等。

6．网站维护

1）服务器及相关软硬件的维护，对可能出现的问题进行评估，制定响应时间。

2）数据库维护，有效地利用数据是网站维护的重要内容，因此数据库的维护要受到重视。

3）内容的更新、调整等。

4）制定相关网站维护的规定，将网站维护制度化、规范化。

7．网站测试

网站发布前要进行细致周密的测试，以保证正常浏览和使用。主要测试内容：

1）服务器稳定性、安全性。

2）程序及数据库测试。

3）网页兼容性测试，如浏览器、显示器。

4）根据需要的其他测试。

8．网站发布与推广

1）网站测试后进行发布的公关、广告活动。

2）搜索引擎登记等。

9．网站建设日程表

各项规划任务的开始及完成时间，以及负责人等。

10．费用明细

各项事宜所需费用清单。

以上为网站规划书中应该体现的主要内容，根据不同的需求和建站目的，内容也会再增加或减少。在建设网站之初一定要进行细致的规划，才能达到预期建站目的。

任务二 企业宣传网站制作实例

知识导读

企业网站是以企业为主体而创建的网站，该类型网站主要包含公司介绍、产品、服务等几个方面。网站通过对企业信息的系统介绍，让浏览者熟悉企业的情况，了解企业所提供的产品和服务，并通过有效的在线交流方式搭起潜在客户与企业之间的桥梁。

建设企业网站，在于让网站真正发挥作用，成为有效的网络营销工具和网上销售渠道。一般企业网站主要有以下功能。

1）公司概况：包括公司背景、发展历史、主要业绩、经营理念、经营目标及组织结构等，让用户对公司的情况有一个概括的了解。

2）产品/服务展示：浏览者访问网站的主要目的是为了对公司的产品和服务进行深入的了解。如果企业提供多种产品服务，就要利用产品展示系统对产品进行系统的管理，包括产品的添加与删除、产品类别的添加与删除、特价产品和最新产品、推荐产品和管理、产品的快速搜索等。

3）产品搜索：如果公司产品比较多，无法简单地全部列出，而且经常有产品升级换代，那么为了让用户能够方便地找到所需要的产品，除了设计详细的分级目录之外，增加关键词搜索功能会是一个有效的措施。

4）信息发布：网站是一个信息载体，在法律许可的范围内，可以发布一切有利于企业形象、顾客服务及促进销售的企业新闻、各种促销信息、招标信息、合作信息和人员招聘信息等。

5）网上调查：通过网站上的在线调查表，可以获得用户的反馈信息，用于产品调查、消费者行为调查、品牌形象调查等，是获得第一手市场资料有效的调查工具。

6）技术支持：这一点对于生产或销售高科技产品的公司尤为重要，网站上除了产品说明书之外，企业还应该将用户关心的技术问题及其答案公布在网上，如一些常见故障处理、产品的驱动程序、软件工具的版本等信息资料，可以用在线提问或常见问题回答的方式体现。

7）联系信息：网站上应该提供足够详尽的联系信息，除了公司的地址、电话、传真、邮政编码、网管 E-mail 地址等基本信息之外，最好能详细地列出客户或者业务伙伴可能需要联系的具体部门的联系方式。

8）辅助信息：有时由于企业产品比较少，网页内容显得有些单调，这时就可以通过增加一些辅助信息来弥补这种不足。辅助信息的内容比较广泛，可以是本公司、合作伙伴、经销商或用户的一些相关产品保养、维修常识等。

子任务 1 制作模板

在架设一个网站时，通常会根据网站的需要设计风格一致、功能相似的页面。下面先为网站制作一个模板，用来创建其他风格一致的网页。使用模板技术时，一定要先创建站点，模板文件将自动保存在站点根目录下的 Templates 子目录中。

步骤

步骤 1 在站点中新建模板"index"，并插入一个 2 行 1 列，宽度为 760 像素的表格（记为表格 1），设置边框、边距及间距为 0（下面的所有表格边框、边距及间距均为 0），对齐方式为"居中对齐"，如图 12-1 所示。

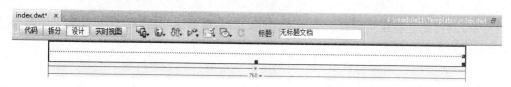

图 12-1 插入表格 1

步骤 2 在第 1 行单元格中插入图片"images/top.jpg"，如图 12-2 所示。

图 12-2 插入标题图片

步骤 3 设置第 2 行单元格背景为"images/zhuye_4.gif"，并在其中插入一个 1 行 9 列的表格，如图 12-3 所示。

图 12-3 插入导航菜单表格

步骤 4 分别在单元格中输入文本，设置大小为 12 像素，文本颜色为#FFFFFF，且居中对齐，如图 12-4 所示。

步骤 5 在表格 1 下面再插入一个 1 行 2 列的表格（记为表格 2），设置宽度为 760 像素，居中对齐。在第一列中插入一个 1 行 1 列的表格（记为表格 3），设置宽为 180 像素，高为 154 像素，并设置背景图案为"images/zhuye_5.gif"，如图 12-5 所示。

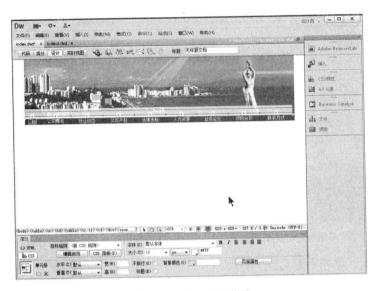

图 12-4 完成导航菜单

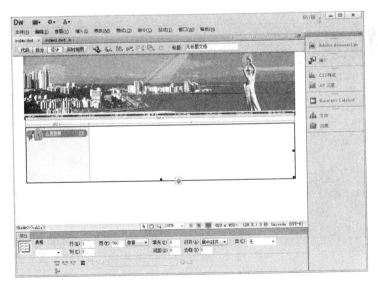

图 12-5 插入会员登录表格

步骤 6 在表格 3 中插入一个 3 行 2 列的表格（记为表格 4），设置填充、间距为 1，且居中对齐。在第一列单元格分别输入"用户名："和"密码："字样，在第二列单元格分别插入普通文本框、密码框以及"提交"按钮和"重置"按钮，如图 12-6 所示。

227

图 12-6　完成会员登录界面

步骤 7　在表格 2 的第一列中，表格 3 下面插入一个 3 行 1 列的表格（记为表格 5），在第 1 行中插入图片"images/zhuye01.jpg"；设置第二行的背景图为"images/zhuye02.jpg"，高为 80 像素；在第三行中插入图片"images/zhuye03.gif"。完成后如图 12-7 所示。

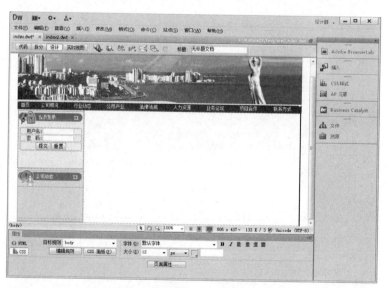

图 12-7　插入公司动态表格

步骤 8　在表格 5 的第二行单元格中插入一个 1 行 1 列的表格（记为表格 6），设置宽度为 95%，居中对齐，并在其中输入公司动态的文本，文字大小为 12 像素；切换到代码视图，在公司动态文本的前面输入代码：

```
<marquee onmouseover="this.stop()" onmouseout="this.start()" scrollamount="1" scrolldelay="20" direction="up" width="100%" height="80">
```

在文本后面输入代码：</marquee>，如图 12-8 所示。

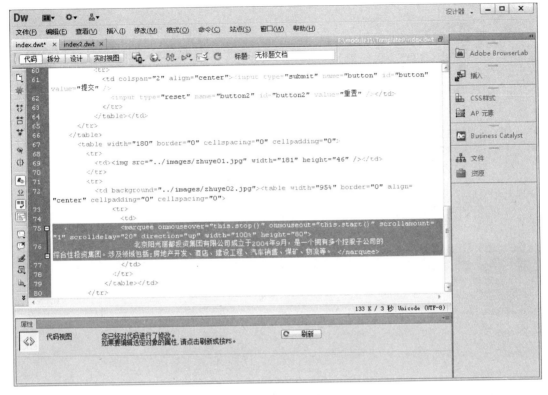

图 12-8　滚动文本代码

信息卡

利用<marquee>标签可实现滚动公告效果，主要属性如下。

➢ align：文字对齐方式。

➢ width：设置宽度。

➢ height：设置高度。

➢ direction：文字滚动方向，其值可取 right、left、up 和 down。

➢ behavior：动态效果，其值可以取 scroll（滚动）、slide（幻灯片）、alternate（交替）。

➢ scrolldelay：滚动速度，单位为毫秒。

➢ scrollamount：滚动数量，单位为像素。

步骤9　友情链接利用列表/菜单来制作。在表格 5 的下面插入一个 2 行 1 列的表格（记为表格 7），设置背景颜色为"＃C7E2FF"，在第一行输入文本"友情链接"，设置为居中对齐，如图 12-9 所示。

步骤10　在表格 7 的第 2 行插入一个列表/菜单，设置为居中对齐；选中列表，单击"列表值..."按钮，在弹出的"列表值"对话框中添加项目标签和值，如图 12-10 所示。完成后的友情链接如图 12-11 所示。

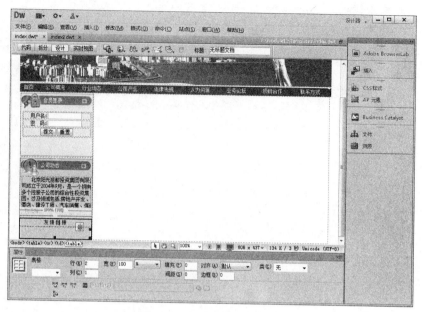

图 12-9　插入友情链接表格

图 12-10　添加友情链接

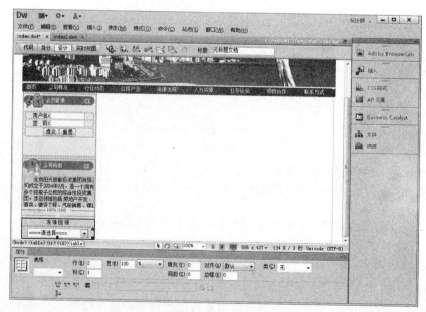

图 12-11　完成友情链接

步骤 11 在表格 2 的下面插入一个 1 行 1 列的表格（记为表格 8），设置为居中对齐，宽度为 760 像素，高度为 50 像素，背景图像为"images/zhuye_19.jpg"，如图 12-12 所示。

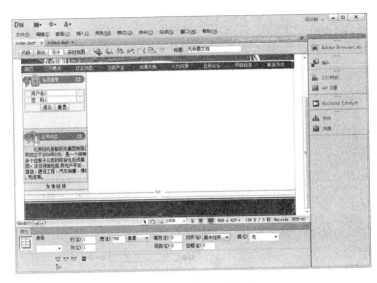

图 12-12　插入版权表格

步骤 12 在表格 8 的单元格中输入版权文本，设置为居中对齐，颜色为#FFFFFF。至此，网页主体内容制作完成，如图 12-13 所示。

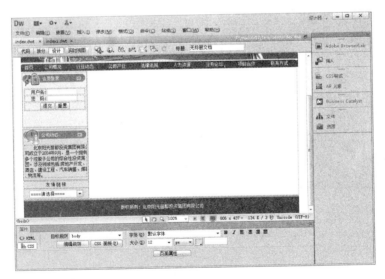

图 12-13　完成版权信息

步骤 13 在表格 2 的第二列单元格中，添加一个模板可编辑区域 EditRegion1，如图 12-14 所示。

步骤 14 保存本模板文件。至此，模板页的制作已经完成。

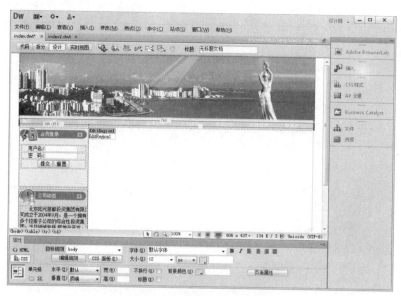

图 12-14　添加可编辑区域

子任务 2　利用模板制作主页

步骤

　　步骤 1　在站点中新建空白网页"index.html"，单击菜单"修改"→"模板"→"应用模板到页"，选择模板"index"，单击"选定"按钮后将模板应用到当前页面，如图 12-15 所示。

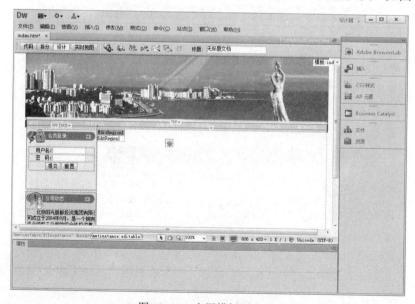

图 12-15　应用模板到主页

步骤 2 在可编辑区域中插入一个 1 行 1 列的表格（记为表格 1），设置单元格背景图像为"images/zhuye_6.jpg"，高度为 200 像素，如图 12-16 所示。

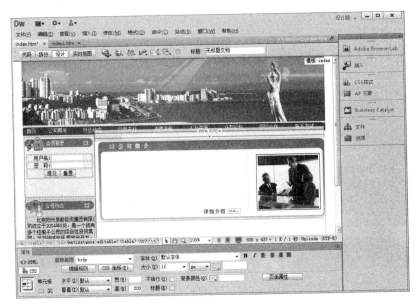

图 12-16 插入公司简介表格

步骤 3 在表格 1 单元格中，插入一个 3 行 3 列的表格，在第二行第二列单元格中输入公司简介的文本，并调节行列的宽度和高度，使文本正好位于公司简介中空白区域，如图 12-17 所示。

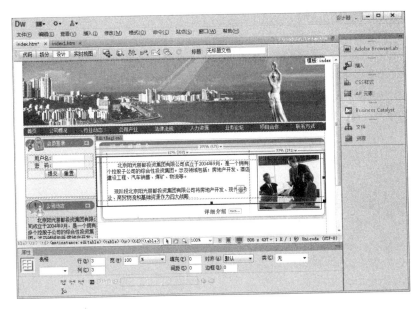

图 12-17 完成后的公司简介

步骤 4 在表格 1 下面插入一个 2 行 1 列的表格（记为表格 2），在第 1 行单元格中插入图像 "images/zhuye_8.gif"，如图 12-18 所示。

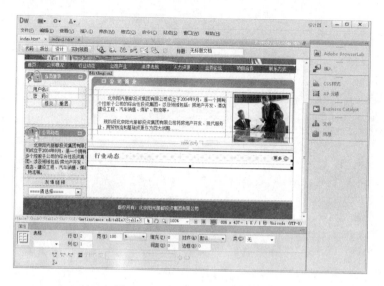

图 12-18　插入行业动态表格

步骤 5 在表格 2 第二行单元格中插入 5 行 3 列的表格，设置为居中对齐，并在各单元格中插入图像及文本，如图 12-19 所示。

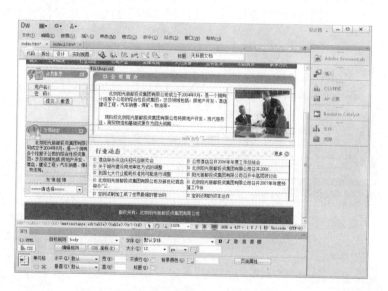

图 12-19　完成后的行业动态

步骤 6 在表格 2 的下面插入一个 1 行 1 列的表格（记为表格 3），在单元格中插入图像 "images/index1.jpg"，如图 12-20 所示。至此，主页的基本制作已经完成，完成效果如图 12-21 所示。

图 12-20　完成后的"公司产业"区域

图 12-21　完成后主页效果

任务三　发布网站

知识导读

一个网站制作完成后，要想让浏览者看到，需要进行一系列发布操作。首先要为网站申请一个域名，这是浏览者直接记忆，并用于访问的网站地址；然后需要在网络上申请一个服务器空间，用于存储网站文件以供浏览者访问，并且需要将空间 IP 地址与域名绑定，以方便浏览者记忆和访问；最后将全部网站文件上传到服务器空间，即可完成网站发布工作，浏览者就可以通过域名进行访问了。

子任务 1　申 请 域 名

域名是连接企业和互联网网址的纽带，它像品牌、商标一样具有重要的识别作用，是企业在网络上存在的标志，担负着标识站点和形象展示的双重作用。

当前国内有很多域名与空间的提供商，各个提供商的申请步骤都不完全相同，但基本流程是一致的。下面以中国万网为例演示如何申请域名和空间。

步骤

步骤 1　输入中国万网网址"http://www.net.cn/"，如图 12-22 所示。

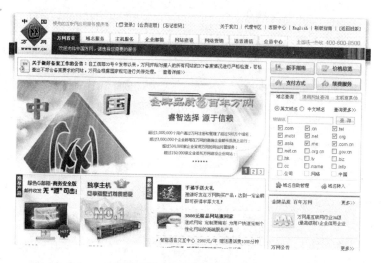

图 12-22 "中国万网"首页

步骤 2　在右侧的"域名查询"中可以查询该域名是否已被注册过。在 www 后的文本框内输入要查询的域名，在下面选择要查询的顶级域名，单击"查询"按钮即可。如查询域名"ald99"，查询结果如图 12-23 所示。

步骤 3　如果想要注册域名"ald99.com.cn"，则单击"ald99.com.cn"后面的"单个注册"，进入下一步，如图 12-24 所示。

步骤 4　在"国内英文域名注册"后的"年限与价格"下拉列表中选择要购买的年限，并在下面的"推荐产品"中选择其他需要一并购买的服务，这里先不做选择。单击"继续下一步"按钮后进入注册的下一步，输入各项注册信息，如图 12-25 所示。

当前位置:万网首页 >> 域名查询

域名查询结果

☑ ald99.com.cn (尚未注册)   🛒 单个注册

☑ ald99.mobi (尚未注册)   🛒 单个注册

☑ ald99.net (尚未注册)   🛒 单个注册

☑ ald99.org (尚未注册)   🛒 单个注册

☑ ald99.tel (尚未注册)   🛒 单个注册

☑ ald99.me (尚未注册)   🛒 单个注册

☑ ald99.asia (尚未注册)   🛒 单个注册

✪ ald99.cn (已被注册)   详细 到域名域交易中心试运气

✪ ald99.com (已被注册)   详细 到域名域交易中心试运气

更多的相关域名 (可选)

☐ myald99.com	☐ quigley99.com	☐ theald99.com
☐ webald99.com	☐ ald99online.com	☐ myald99.cn
☐ 51ald99.cn	☐ chinaald99.cn	☐ 86ald99.cn
☐ quigley99.cn	☐ webald99.cn	☐ 52ald99.cn
☐ theald99.cn	☐ ald99online.cn	☐ ald9988.cn

图 12-23　域名 "ald99" 的查询结果

图 12-24　选择要购买的服务

当前位置:万网首页 >> 产品购买 >> 国内英文域名注册   🖊 万网新版用户调查

🛒 1 选择产品 ✔ 🖊 填写信息   3 确认信息   4 购买成功

购买第二步:请填写真实有效的购买信息,以便于您办理业务,万网承诺不向第三方提供信息
提示:带 "*" 的栏目必须填写

▼ 请选择您的身份

请选择身份: * ○ 我是万网会员

⊙ 我不是万网会员

ⓘ 提示:购买成功后,系统将自动分配给您一个数字ID,作为您业务的唯一标识!

图 12-25　输入注册信息后的页面

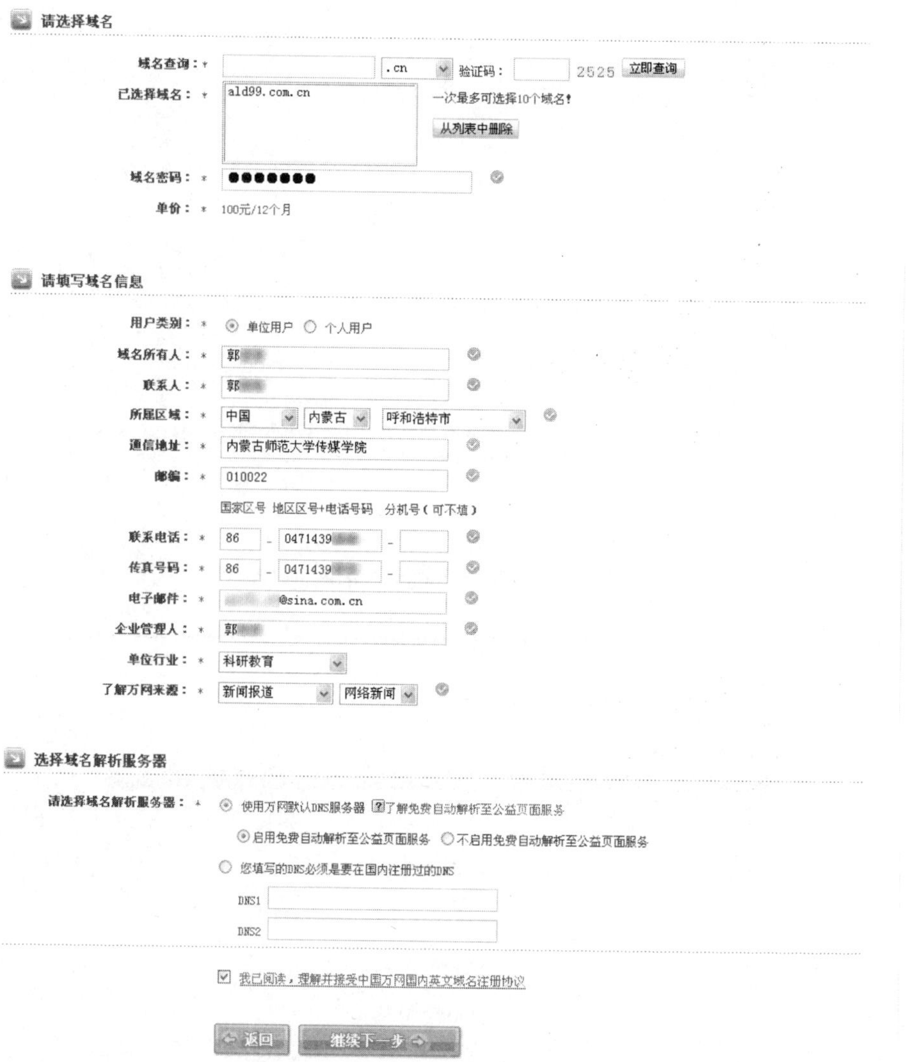

图 12-25 输入注册信息后的页面（续）

信息卡

1）在"请选择您的身份"中，如果已经注册过万网账号，则可以选择"我是万网会员"，然后输入用户 ID 和密码。

2）在"请选择域名"中，可以在域名列表中加入最多 10 个域名，并一次申请。

3）在"请填写域名信息"中，如果是单位申请，则可以选择"单位用户"，并输入相应信息。

4）在"选择域名解析服务器"中，一般使用万网默认 DNS 服务器即可；如果单击"启用免费自动解析至公益页面服务"单选按钮，则在手动设定域名解析之前，该域名将解析至一个公益网站，建议启用。

注意

1）域名密码是管理域名的重要信息，注册后需妥善保管。

2）以上信息中的注册人或注册单位就是将来域名的所有者，具有法律效力，需慎重填写。

步骤5 单击"继续下一步"按钮后，进入信息确认页面，如图12-26所示。

图12-26 信息确认页面

步骤6 单击"完成购买"按钮，进入购买成功提示页面，如图12-27所示。

步骤7 至此，域名申请操作已经完成。然后，可以从万网提供的多种付款方式中，选择一种进行付款，即可开通该域名。牢记给出的数字 ID，并进入注册时输入的邮箱中获取密码，然后可以使用该数字 ID 和密码登录万网域名管理平台进行管理操作。付款过程及域名解析的设置过程因网站而异，一般可以联系网站客服获取帮助，此处不再详述。

图 12-27　购买成功

知识点详解

1. 什么是域名

网络是基于 TCP/IP 进行通信和连接的,每一台主机都有一个唯一的标识固定的 IP 地址,以区别在网络上成千上万个用户和计算机。网络中的地址方案分为两套:IP 地址系统和域名地址系统,这两套地址系统其实是一一对应的关系。由于 IP 地址是数字标识,使用时难以记忆和书写,因此在 IP 地址的基础上又发展出一种符号化的地址方案,来代替数字型的 IP 地址。每一个符号化的地址都与特定的 IP 地址对应,这样网络上的资源访问起来就容易得多了。这个与网络上的数字型 IP 地址相对应的字符型地址称为域名。

域名就是上网单位的名称,是一个通过计算机登录网络的单位在该网中的地址。一个公司如果希望在网络上建立自己的主页,就必须取得一个域名,域名也是由若干部分组成,包括数字和字母。通过该地址,人们可以在网络上找到所需的详细资料。域名是上网单位和个人在网络上的重要标识,起着识别作用,便于他人识别和检索某一企业、组织或个人的信息资源,从而更好地实现网络上的资源共享。除了识别功能外,在虚拟环境下,域名还可以起到引导、宣传、代表等作用。

2. 域名级别

域名可分为不同级别,包括顶级域名、二级域名等。

顶级域名又分为两类:一是国家或地区顶级域名,目前 200 多个国家或地区都按照 ISO3166

国家代码分配了顶级域名，如中国是 cn，美国是 us，日本是 jp 等；二是国际顶级域名，如表示工商企业的.com，表示网络提供商的.net，表示非盈利组织的.org 等。目前大多数域名争议都发生在 com 的顶级域名下，因为多数公司上网的目的都是为了赢利。为加强域名管理，解决域名资源的紧张问题，Internet 协会、Internet 分址机构及世界知识产权组织（WIPO）等国际组织经过广泛协商，在原来三个国际通用顶级域名（com、net、org）的基础上，新增加了 7 个国际通用顶级域名：firm（公司企业）、store（销售公司或企业）、web（突出 WWW 活动的单位）、arts（突出文化、娱乐活动的单位）、rec（突出消遣、娱乐活动的单位）、info（提供信息服务的单位）、nom（个人），并在世界范围内选择新的注册机构来受理域名注册申请。

二级域名是指顶级域名之下的域名，一类是在国际顶级域名下，指域名注册人的网上名称，如 ibm、yahoo、microsoft 等；另一类是在国家或地区顶级域名下，表示注册企业类别的符号，如 com、edu、gov、net 等。在第二种情况下，表示域名注册人的网上名称就只能写在域名第三级上了，如 imnu.edu.cn，其 cn 是国家顶级域名，edu 是教育类别符号，imnu 是注册人的网上名称。

3．注册域名

域名的注册遵循先申请先注册原则，管理机构对申请人提出的域名是否违反了第三方的权利不进行任何实质审查。同时，每一个域名的注册都是唯一的、不可重复的。因此，在网络上，域名是一种相对有限的资源，它的价值将随着注册企业的增多而逐步为人们所重视。各个机构管理域名的方式和域名命名的规则也有所不同。但域名的命名也有一些共同的规则：

（1）域名中只能包含以下字符

1）26 个英文字母。

2）0～9 这十个数字。

3）"-"（英文中的连词号，但不能是第一个字符）。

4）对于中文域名而言，还可以含有中文字符而且是必须含有中文字符（日文、韩文等域名类似）。

（2）域名中字符的组合规则

1）在域名中，不区分英文字母的大小写和中文字符的简繁体。

2）对于一个域名的长度是有一定限制的，CN 下域名命名的规则如下。

① 遵照域名命名的全部共同规则。

② 只能注册三级域名，三级域名用字母（A～Z，a～z，大小写等价）、数字（0～9）和连接符（-）组成，各级域名之间用实点（.）连接，三级域名长度不得超过 20 个字符。

③ 不得使用或限制使用以下名称（下表列出了一些注册此类域名时需要提供的材料）：

➢ 注册含有 "CHINA" "CHINESE" "CN" "NATIONAL" 等域名时，需经国家有关部门（指部级以上单位）正式批准。

➢ 公众知晓的其他国家或者地区名称、外国地名、国际组织名称不得使用。

➢ 含有县级以上（含县级）行政区划名称的全称或者缩写时，需相关县级以上（含县级）人民政府正式批准。

➢ 行业名称或者商品的通用名称不得使用。

➢ 他人已在中国注册过的企业名称或者商标名称不得使用。

> ➢ 对国家、社会或者公共利益有损害的名称不得使用。
> ➢ 经国家有关部门（指部级以上单位）正式批准和相关县级以上（含县级）人民政府正式批准是指相关机构要出据书面文件表示同意××××单位注册××××域名。例如，要申请 beijing.com.cn 域名，则要提供北京市人民政府的批文。

4. 域名选取技巧

域名是访问者通达企业网站的"钥匙"，是企业在网络上存在的标志，担负着标示站点和导向企业站点的双重作用。

域名对于企业开展电子商务活动具有重要的作用，它被誉为网络时代的"环球商标"，一个好的域名会大大增加企业在互联网上的知名度。因此，企业如何选取好的域名就显得十分重要。

（1）域名选取的原则　在选取域名的时候，首先要遵循以下两个基本原则。

1）域名应该简明易记，便于输入。这是判断域名好坏最重要的因素之一。一个好的域名应该短而顺口，便于记忆，最好让人看一眼就能记住，而且读起来发音清晰，不会导致拼写错误。此外，域名选取还要避免同音异义词。

2）域名要有一定的内涵和意义。用有一定意义和内涵的词或词组作为域名，不但可记忆性好，而且有助于实现企业的营销目标。例如，企业的名称、产品名称、商标名、品牌名等都是不错的选择，这样能够使企业的网络营销目标和非网络营销目标达成一致。

（2）域名选取的技巧

1）用企业名称的汉语拼音作为域名。这是为企业选取域名的一种较好方式，实际上大部分国内企业都是这样选取域名。例如，小米官网的域名为 xiaomi.com，新飞电器的域名为 xinfei.com，海尔集团的域名为 haier.com，四川长虹集团的域名为 changhong.com，华为技术有限公司的域名为 huawei.com。这样的域名有助于提高企业在线品牌的知名度，即使企业不进行任何宣传，其在线站点的域名也很容易被人想到。

2）用企业名称相应的英文名作为域名。这也是国内许多企业选取域名的一种方式，这样的域名特别适合与计算机、网络和通信相关的一些行业。例如，长城计算机公司的域名为 greatwall.com.cn。

3）用企业名称的缩写作为域名。有些企业的名称比较长，如果用汉语拼音或者用相应的英文名作为域名就显得过于烦琐，不便于记忆。因此，用企业名称的缩写作为域名不失为一种好方法。缩写包括两种方法：一种是汉语拼音缩写，另一种是英文缩写。例如，广东步步高电子工业有限公司的域名为 gdbbk.com，泸州老窖集团的域名为 lzlj.com.cn，计算机世界的域名为 ccw.com.cn。

4）用汉语拼音的谐音形式给企业注册域名。在现实中，采用这种方法的企业也不在少数。例如，美的集团的域名为 midea.com.cn，康佳集团的域名为 konka.com，格力集团的域名为 gree.com.cn，新浪的域名为 sina.com.cn。

5）以中英文结合的形式给企业注册域名。这样的例子有许多，如中国人网的域名为 chinaren.com。

6）在企业名称前后加上与网络相关的前缀和后缀。常用的前缀有 e、i、net 等；后缀有 net、web、line 等。例如，中国营销传播网的域名为 emkt.com.cn，电商时代 IT 导购网的域名为 it168.com。

7）用与企业名不同但有相关性的词或词组作为域名。一般情况下，企业选取这种域名的原因有多种：或者是因为企业的品牌域名已经被别人抢注不得已而为之，或者觉得新的域名可能更有利于开展网上业务。例如，某一家法律服务公司，它选择 patents.com 作为域名。很明显，用"patents.com"作为域名要比用公司名称更合适。另外一个很好的例子是一家在线销售宝石的零售商，它选择了 jeweler.com 作为域名，这样做的好处是显而易见的：即使公司不做任何宣传，许多顾客也会访问其网站。

8）不要注册其他公司拥有的独特商标名和国际知名企业的商标名。如果选取其他公司独特的商标名作为自己的域名，很可能会惹上官司，特别是当注册的域名是一家国际或国内著名企业的驰名商标时。换言之，当企业挑选域名时，需要留心挑选的域名是不是其他企业的注册商标名。

9）应该尽量避免被 CGI 脚本程序或其他动态页面产生的 URL。例如，Minolta Printers 的域名是 minoltaprinters.com，但输入这个域名后，域名栏却变成"www.minoltaprinters.com/dna4/sma … =pub-root-index.htm"，造成这种情况的原因可能是 minoltaprinters.com 是一个免费域名。这样的域名有很多缺点：第一，不符合域名是主页一部分的规则；第二，不符合网民使用域名作为浏览目标，并判断所处位置的习惯；第三，忽视了域名是站点品牌的重要组成部分。

10）注册.net 域名时要谨慎。.net 域名一般留给有网络背景的公司。虽然任何一家公司都可以注册，但这极容易引起混淆，使访问者误认为访问的是一家具有网络背景的公司。企业防止他人抢注造成损失的一个解决办法是，对.net 域名进行预防性注册，但不用作为企业的正规域名。

国内的一些企业包括某些知名公司选择了以.net 结尾的域名，如一些免费邮件提供商——371.net、163.net 等。而国外提供与此服务相近的在线服务公司则普遍选择以.com 结尾的域名。

子任务 2　申请网站空间

网站空间是用于在网络上存储网站文件及数据的磁盘空间，同时网络用户可以通过网络远程访问该空间内的文件和数据。

网站空间可以在个人购买的服务器上搭建，并接入网络以向网络客户提供服务，这样的购置成本和后期运行、管理成本较大，但自由度也较大，大型企业或网站一般采用这种方式。

一般中小型网站都选择在空间服务商提供的网站空间内搭建网站，对于网站的建设及维护的要求都比较低。下面以中国万网的空间申请为例讲解如何申请网站空间。

步骤

步骤 1　输入中国万网网址"http://www.net.cn/"，打开网页后选择页面上方导航条中的"主机服务"，打开网站空间申请的主页面，如图 12-28 所示。

图 12-28 网站空间申请的主页面

步骤 2 万网主机服务分为速成网站、虚拟主机、独享主机及主机托管四大类，其中虚拟主机是面向一般中小型网站的主要类型。单击左侧"主机服务"列表中的"虚拟主机"，进入虚拟主机申请的主页面，如图 12-29 所示。

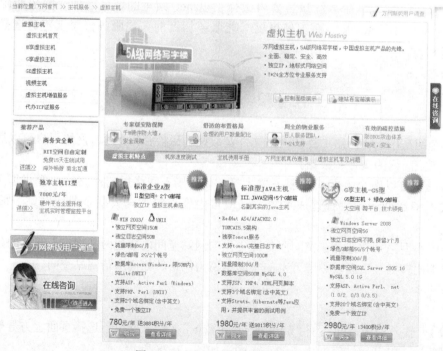

图 12-29 虚拟主机申请的主页面

步骤 3 万网按虚拟主机性能的不同，将虚拟主机分为 M 享虚拟主机、G 享虚拟主机、GX 虚拟主机及视频主机等类别，其中 M 享虚拟主机是面向一般中小型网站的空间类型。单击列表中的"M 享虚拟主机"，显示该类型主机的参数列表，如图 12-30 所示。

M享主机	标准企业A型	标准企业B型	标准企业C型	Asp.net型	Java型	超强企业型	专业企业型	专业个人型
操作系统	Win2003 UNIX			Win2003 UNIX	Win2003 UNIX			UNIX
基本属性								
空间及流量								
独立网页空间	150M	200M	350M	300M	1000M	1200M	600M	100M
额外增加网页空间	50元/年/10M							
独立日志文件空间	50M	100M	200M	200M	300M	500M	500M	—
流量限制	8G/月	20G/月	30G/月	30 G/月	30 G/月	100G/月	50G/月	5G/月
域名绑定								
英文域名个数	2	3	4	3	3	6	5	1
中文域名个数	2	3	4	3	3	6	5	1
绿色G邮箱	2G/2个帐号	3G/3个帐号	5G/5个帐号	5G/5个帐号	5G/5个帐号	20G/20个帐号	10G/10个帐号	1G/个帐号
价格	780元	1150元	1800元	1600元	1980元	5800元	3200元	320元
购买	购买	购买	购买	购买	购买	购买	购买	购买
查看详细	查看详细	查看详细	查看详细	查看详细	查看详细	查看详细	查看详细	查看详细

图 12-30 "M 享虚拟主机"的参数列表

步骤 4 单击"标准企业 A 型"下面的"购买"按钮，进入空间申请的第一步，如图 12-31 所示。

图 12-31 选择购买年限及价格

步骤 5 选择年限为 12 个月后，单击"继续下一步"按钮，进入空间申请的第二步，如图 12-32 所示。

步骤 6 选择"操作系统"为"NT"，"机房选择"为"北京多线"，"主机域名"为前面申请的"www.ald99.com.cn"。然后单击"继续下一步"按钮，进入空间申请的第三步，如图 12-33 所示。

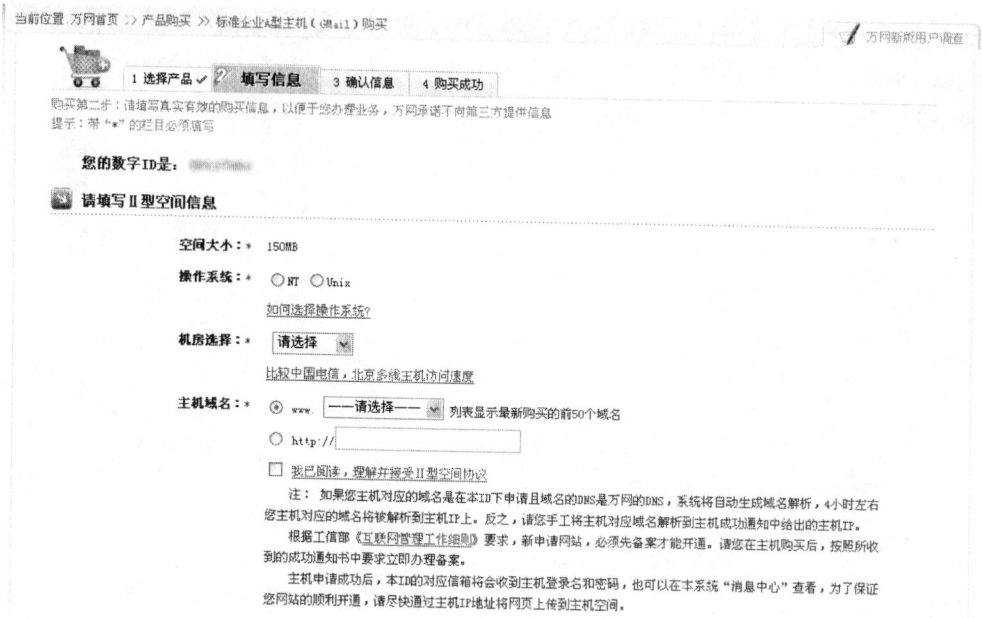

图 12-32　填写空间信息

图 12-33　确认信息

步骤 7　确认信息无误后，单击"完成购买"按钮。

至此，空间申请操作已经完成。然后可以从万网提供的多种付款方式中，选择一种进行付款，即可开通该空间。开通后使用注册的数字 ID 和密码登录万网空间管理平台进行管理操作。付款过程及域名解析的设置过程因网站而异，一般可以联系网站客服获取帮助，此处不再详述。

知识点详解

1. 什么是网站空间

从广义角度讲，网站空间就是在网络环境中可以用于存储网站数据，并向网络用户提供远程网站数据访问的服务器及其存储空间。在一般的网站建设方案中，网站空间有三种选择方案，即虚拟主机、独享主机和主机托管。

虚拟主机就是把一台运行在互联网上的服务器划分成多个"虚拟"的服务器，每一个虚拟主机都具有独立的域名和完整的 Internet 服务器（支持 WWW、FTP、E-mail 等）功能。一台服务器上的不同虚拟主机是各自独立的，并由用户自行管理。但一台服务器主机只能够支持一定数量的虚拟主机，当超过这个数量时，用户将会感到性能急剧下降。

因为当前虚拟主机的应用非常广泛，因此，现在一般将网站空间作为虚拟主机的代名词，也即狭义上的网站空间。

虚拟主机技术是互联网服务器采用的节省服务器硬件成本的技术，虚拟主机技术主要应用于 HTTP 服务，将一台服务器的某项或者全部服务内容逻辑划分为多个服务单位，对外表现为多个服务器，从而充分利用服务器硬件资源。如果划分是系统级别的，则称为虚拟服务器。

独享主机是由空间运营商提供一台独立的 Internet 服务器，供一家客户独享，同时运营商也提供对服务器运行过程的监控、管理与维护服务，客户只需关心其网站内容建设。独享主机既享受了独立服务器的高性能，又可以享受运营商的管理服务，是一种较昂贵但也更理想的建站方案。

主机托管是由客户自购服务器，并交给网络运营商代为管理的方案。客户只享受运营商的机房环境及网络接入服务，而服务器自身的运行管理与内容建设一般需要由客户自己承担。这种方案下，客户自购服务器需要花费一定的费用，但也获得了服务器使用最大的灵活性。

用户可以根据自己网站的资金投入及网站访问量和数据量因素等进行方案选择。

2. 怎样选择网站空间

网站建成之后，要购买一个网站空间才能发布网站内容，在选择网站空间和网站空间服务商时，主要应考虑的因素包括：网站空间的大小、操作系统、对一些特殊功能如数据库的支持、网站空间的稳定性和速度、网站空间服务商的专业水平等。推荐中国万网（http://www.net.cn）、中国新网（http://www.xinnet.cn）等服务商。下面是一些通常需要考虑的内容：

1）网站空间服务商的专业水平和服务质量。这是选择网站空间的第一要素，如果选择了质量比较低下的空间服务商，很可能会在网站运营中遇到各种问题，甚至经常出现网站无法正常访问的情况，或者遇到问题时很难及时解决，这样都会严重影响网络营销工作的开展。

2）虚拟主机的网络空间大小、操作系统、对一些特殊功能如数据库等是否支持。可根据网站程序所占用的空间，以及预计以后运营中所增加的空间来选择虚拟主机的空间大小，应该留有足够的余量，以免影响网站正常运行。一般来说，虚拟主机空间越大价格也相应较高，因此需在一定范围内权衡，也没有必要购买过大的空间。

虚拟主机可能有多种不同的配置，如操作系统和数据库配置等，需要根据自己网站的功能来进行选择。如一般 ASP 网站要求虚拟主机提供 ASP 语言及 Access 数据库支持；数据量大的网站要求 SQL Server 数据库支持；使用.NET 开发的网站则要求主机支持.NET 框架。另外，如果是 JSP 或 PHP 等语言开发的网站，或者是 MySQL 数据库，则最好运行于 UNIX 主机中，其性能和安全性更好。

此外，如果可能，最好在网站开发之前就先了解一下虚拟主机产品的情况，以免在网站开发之后找不到合适的虚拟主机提供商。

3）网站空间的稳定性和速度等。这些因素都影响网站的正常运作，需要有一定的了解，如果可能，在正式购买之前，先了解一下同一台服务器上其他网站的运行情况。

4）经营资格、机房线路和位置。南方和西部一般建议选择电信，北方则可以考虑网通机房。中部地区不妨考虑双线托管或主机，可以支持南北客户互访，速度不受限制。

5）虚拟主机上架设的网站数量。通常一个虚拟主机能够架设上百甚至上千个网站。如果一个虚拟主机的网站数量很多，就应该拥有更多的 CPU 和内存，并且使用服务器阵列，否则会造成网站在虚拟主机上的访问速度受限。所以，最好的办法就是寻找一家有信誉的大虚拟主机提供商，他们的每个虚拟主机服务器有网站承载个数限制，以保证每个网站的性能。当然，如果对网站有很高的速度和控制要求，最终的解决方案就是购买独立的自己的服务器。

6）网站空间的价格。现在提供网站空间服务的服务商很多，质量和服务也千差万别，价格同样有很大差异，一般来说，著名的大型服务商的虚拟主机产品价格要贵一些，而一些小型公司可能价格比较便宜，可根据网站的重要程度来决定选择哪种层次的虚拟主机提供商。选有《中华人民共和国增值电信业务经营许可证》的服务商更放心。

7）网站空间出现问题后主机托管服务商的响应速度和处理速度。如果这个网站空间商有全国的 800 免费服务电话，那么对空间质量也许会增加几分信任。

子任务 3　发布网站到网站空间

网站开发完成后，必须发布到网站空间后才能被大众访问。一般网站空间均提供 FTP 地址以及上传用户名和密码，可以使用 FTP 软件进行网站文件的发布。

Dreamweaver CS6 也提供了连接 FTP 服务器，并发布网站的功能，操作步骤如下：

步骤

步骤 1　在 Dreamweaver CS6 界面中，打开菜单项"站点"→"管理站点"，弹出如图 12-34 所示的"管理站点"对话框。

步骤 2　从"您的站点"列表中选择当前站点的名称，双击站点打开设置对话框，然后打开"服务器"组，并在右边列表中添加一个新的服务器，如图 12-35 所示。

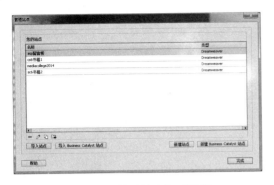

图 12-34 "管理站点"对话框

图 12-35 定义远程服务器信息

步骤 3 设置服务器的"基本"参数，依次输入如下信息（见图 12-36）。

➢ "服务器名称"：为新服务器指定一个名称，如"万网服务器"。

➢ "连接方法"：选择 FTP 方式，这是一般网站空间使用的登录方式。

➢ "FTP 地址"：输入远程服务器的完整 FTP 主机名或 IP 地址，注意不要带任何主机名外的任何其他文本，如"FTP://"等。

➢ "端口"：一般 FTP 端口号为 21，如服务器有特殊要求，可按实际要求输入。

图 12-36 远程服务器信息设置

➢ "用户名"：按 FTP 服务器管理要求，输入用于连接到服务器的登录用户名。

➢ "密码"：输入用于连接到 FTP 服务器的密码。

➢ "保存"：勾选该复选框后，可以将输入的密码保存在 Dreamweaver 中，以方便下次使用，否则每次连接到 FTP 服务器时都会提示输入密码。

➢ "根目录"：输入在远程站点上的主机目录，即 FTP 空间中存放网站文件的目录，如需要存放在 FTP 空间的根目录，则留空。

➢ "Web URL"：用于访问服务器上根目录的 URL 地址。

再设置服务器的"高级"参数，依次设置如下信息。

➢ "维护同步信息"：勾选该复选框后，Dreamweaver 将自动监测本地文件与 FTP 空间文件的更新信息，并对新旧文件的覆盖给出提示。一般建议勾选。

➢ "保存时自动将文件上传到服务器"：勾选该复选框后，每次在本地保存文件，都会自动将更新后的本地文件上传到 FTP 空间，并覆盖 FTP 空间中的旧文件。一般可不勾选。

➢ "启用文件取出功能"：勾选该复选框后，将启用存回和取出系统，可以在多人同时编辑网站文件时，避免多人同时编辑同一文件而导致的数据丢失；单人工作时不需要勾选。

注意

FTP 服务器的大部分信息在申请空间时服务器提供商会提供，其他选项可以询问服务器提供商是否需要填写。

步骤 4 单击"保存"按钮，保存设置。勾选新创建的服务器后面的"远程"复选框，以启用该远程服务器。再次单击"保存"按钮。之后，就可以在"文件"面板中，选择站点的本地根文件夹，然后单击图标按钮 ⬆，Dreamweaver 会将所有文件上传到 FTP 空间指定的远程文件夹，如图 12-37 所示。

步骤 5 上传过程中将会显示如图 12-38 所示的进度条。等待上传完成后，即可使用前面申请的域名加网站内的文件名访问该网站了。至此，网站上传操作已经全部完成。

图 12-37 上传文件到服务器

图 12-38 上传进度条

任务四　使用 Dreamweaver CS6 维护远程网站

在网站发布并运行后，还可以通过 Dreamweaver 登录 FTP 空间，进行远程修改和维护。同时，Dreamweaver 也提供"存回和取出"机制，可以实现多人合作共同维护同一网站，而又不会引起文件共享冲突。

步骤

步骤 1 在 Dreamweaver CS6 界面中，执行菜单项"站点"→"管理站点"，并选择左侧的"服务器"，双击右侧列表中的服务器，然后勾选"高级"中的"启用文件取出功能"复选框，如图 12-39 所示。

步骤 2 勾选"打开文件之前取出"复选框，并在下面的"取出名称"及"电子邮件地址"文本框中分别输入当前网站维护人员的名称及邮件地址。完成后单击"确定"按钮即可启用存回和取出机制，如图 12-40 所示。

步骤 3 在"文件"面板中，🖋（取出）图标按钮与 🖺（存回）图标按钮变为可用。如果想要编辑文件"index.asp"，则选中该文件，并单击 🖋（取出）图标按钮，则当前编辑人员将独占该文件，其他编辑人员将不能同时编辑该文件。同时对应文件名前面将出现 ✔ 标志，表示该文件已经取出，如图 12-41 所示。

步骤4 取出文件后，就可以对该文件进行编辑了。完成编辑后，应当再次选择该文件，并单击 ⬚（存回）图标按钮，释放该文件，使其他人可以取出并编辑该文件。存回文件后的面板如图 12-42 所示。

图 12-39 启用存回和取出

图 12-40 完成启用存回和取出

图 12-41 取出"index.asp"后的面板

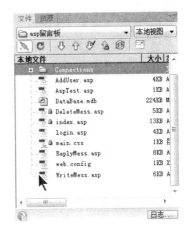

图 12-42 存回文件后的面板

知识点详解

远程与本地文件管理

在 Dreamweaver 站点中设置好远程 FTP 服务器的信息后，在"文件"面板中可以进行远程文件的查看与管理。单击图标按钮 🔌 可以连接设置好的远程 FTP 服务器，如果能够成功连接，将变成 🔌 图标，再次单击可以断开连接。

默认情况下，"文件"面板显示本地视图，如图 12-43 所示。

在右上角的视图列表中，可以单击"远程服务器"，查看 FTP 服务器上的文件，如图 12-44 所示。单击图标按钮 ⟳ 可以刷新远程文件列表。

单击视图选择列表下面的图标按钮 ⬚，可以同时显示本地视图及远程服务器文件列表，如图 12-45 所示。在此视图下，可以进行本地与远程文件的对比，快捷地进行文件的查看与管理操作。

图 12-43 本地视图文件列表

图 12-44 远程服务器文件列表

图 12-45 同时显示本地视图及远程服务器文件列表

单击图标按钮 ，弹出如图 12-46 所示的对话框，可以进行本地与远程文件的同步。同步范围可以选择"仅选中的本地文件"或"整个××站点"；同步方向有以下三种。

1）"放置较新的文件到远程"：如果本地文件比远程同名文件更新，则用本地文件覆盖远程文件，否则保留远程文件。如果本地文件在远程不存在，则复制文件到远程。用于在本地编辑网站，然后发布到远程服务器中。

图 12-46 "与远程服务器同步"对话框

2）"从远程获得较新的文件"：如果远程文件比本地同名文件更新，则用远程文件覆盖本地文件，否则保留本地文件。如果远程文件在本地不存在，则复制文件到本地。用于获取远程服务器中网站的最新版本文件。

3）"获得和放置较新的文件"：对比远程文件与本地同名文件，如果本地文件比远程同名文件更新，则用本地文件覆盖远程文件；如果远程文件比本地同名文件更新，则用远程文件覆盖本地文件。用于完全同步两端文件，并保持所有文件均为最新。

此外，当选择"放置较新的文件到远程"时，可以勾选"删除本地驱动器上没有的远端文件"复选框，表示如果远端文件在本地不存在，则删除它，用于保持远端文件与本地完全相同；同理，当选择"从远程获得较新的文件"时，可以勾选"删除远端服务器没有的本地文件"复选框，表示如果本地文件在远端不存在，则删除它，用于保持本地文件与远端完全相同。

设置好同步范围和方向后，单击"预览"按钮，开始搜索并显示需要同步的项目，如图 12-47 所示。

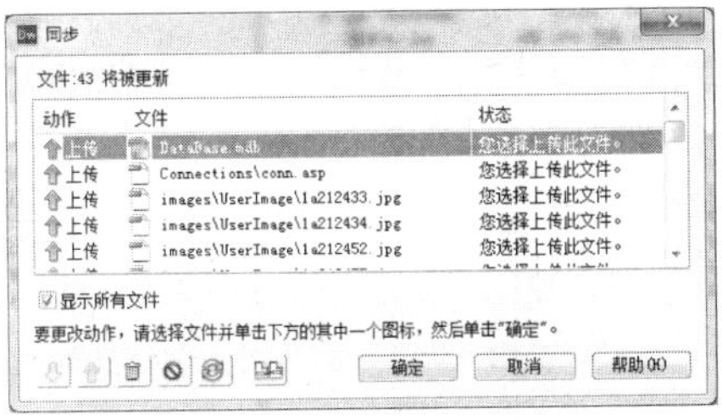

图 12-47　显示将要被更新的文件

在"同步"对话框中，选中单个文件，可以更改文件的同步动作：

➢ 用于将选定文件改为下载。
➢ 用于将选定文件改为上传。
➢ 用于将选定文件删除。
➢ 用于在本次同步中忽略选定文件。
➢ 用于将选定文件标记为已同步。
➢ 用于对比选定文件的远端与本地版本。
单击"确定"按钮后将开始执行文件同步动作。

学 材 小 结

理论知识

1）顶级域名分为两类：一是国家或地区顶级域名，如中国是_____，美国是_____；二是国际顶级域名，如表示工商企业的_____，表示网络提供商的_____等。

2）网站空间一般有三种选择方案，即虚拟主机、_____和_____。

3）ASP 网站与.NET 网站要求虚拟主机的操作系统为_____系列操作系统；_____等语言开发的网站，或者是_____数据库，可以运行于 UNIX 系统主机中。

4）如果要将远程服务器中的网站全部复制到本地，更新本地的旧文件，且删除本地多余的文件，则可以选同步方向为_____，并勾选_____。

实训任务

实训　发布网站到网站空间
【实训目的】
掌握用 Dreamweaver 连接并发布网站到 FTP 服务器的方法。
【实训内容】
假设现在已申请的网站空间地址为 58.30.17.*，用户名为 username，密码为 123456，要求使用 Dreamweaver 连接到服务器，并发布网站到空间根目录下的 webroot 目录中。填写并完成下面的实训任务步骤。

【实训步骤】

步骤 1　在 Dreamweaver CS6 界面中，选择菜单项"站点"→＿＿＿＿＿＿＿，弹出如图 12-48 所示的对话框。

步骤 2　从"您的站点"列表中选择当前站点的名称，双击站点打开设置对话框，然后打开"服务器"组，并在右边列表中＿＿＿＿＿＿，如图 12-49 所示。

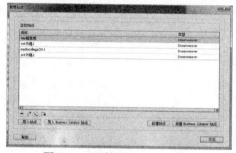

图 12-48　"管理站点"对话框

图 12-49　定义远程服务器信息

步骤 3　在"基本"参数的"连接方法"中选择＿＿＿＿＿＿项，然后依次输入如下信息。

➤ "FTP 地址"中输入＿＿＿＿＿＿。

➤ "根目录"中输入＿＿＿＿＿＿。

➤ "密码"中输入＿＿＿＿＿＿。

➤ "用户名"中输入＿＿＿＿＿＿。

➤ "保存"：勾选该复选框，将输入的密码保存在 Dreamweaver 中，以方便下次使用。在"高级"参数中设置如下信息。

➤ "维护同步信息"：勾选该复选框，Dreamweaver 将自动监测本地文件与 FTP 空间文件的更新信息，并对新旧文件的覆盖给出提示。

➤ "保存时自动将文件上传到服务器"：勾选该复选框，每次在本地保存文件，都会自动将更新后的本地文件上传到 FTP 空间，并覆盖 FTP 空间中的旧文件。

➤ "启用文件取出功能"：勾选该复选框，将启用＿＿＿＿＿＿，可以在多人同时编辑网站文件时，避免多人同时编辑同一文件而导致数据丢失。

步骤 4　单击"保存"按钮，保存设置。在"文件"面板中，选择＿＿＿＿＿＿，然后单击图标按钮⬆，Dreamweaver 会将相关文件上传到 FTP 空间。

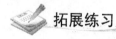 拓展练习

1）几个人一组，利用 Dreamweaver 的存回/取出机制，共同制作并维护一个 FTP 服务器上的网站，注意在制作初期对网站结构的设计和对共用文件的约定。

2）寻找一个提供免费网站空间及域名的服务商，申请一个免费的空间及域名，然后将自己的网站上传到空间中，由其他人进行浏览和评论。

参 考 文 献

[1] 何海霞，陶琳．Dreamweaver CS3 完美网页设计白金案例篇[M]．北京：中国电力出版社，2008.

[2] 朱长利，彭宗勤，陈慧敏．Dreamweaver 8 中文版职业应用视频教程[M]．北京：电子工业出版社，2007.

[3] 高志清．Dreamweaver 网站设计零点飞跃[M]．北京：中国水利水电出版社，2004.

[4] 郭娜．Dreamweaver CS3 流行网站实例精讲[M]．北京：中国青年出版社，中国青年电子出版社，2010.

[5] 缪亮，彭宗勤．Dreamweaver 网页制作使用教程[M]．北京：清华大学出版社，2008.

[6] 孙东梅．Dreamweaver CS3 网页设计与网站建设详解[M]．北京：电子工业出版社，2008.